JN075026

# Excelによる
# 多変量解析

## 豊富な例題ですぐに実務に活用できる

松本哲夫［編著］
今野勤［著］

日科技連

# まえがき

生産，研究開発，マーケティング，経営企画などの部門においては，業務の革新，効率化，スピードアップのために多変量解析の活用が大切ということが叫ばれて久しい．しかし，多変量解析は数理統計学にその基礎を置くため難解であるという側面がある．統計解析のなかでも，多変量解析と実験計画法がその難しさにおいて双璧と感じている人が多いようである．

多変量解析とは，複数の変数に関するデータをもとに，これらの変数間の相互関連を分析する統計的手法の総称であり，特定の分析方法を指すものではない．

50 年以上前になるが，多変量解析のセミナーが開催されるようになった当初は，電卓を使った手計算が基本となっていた時代であったから，行列の計算は簡単なものに限られ，肝心の多変量解析を理解する前に，行列の知識や基礎的な統計解析を理解する必要があり，高いハードルとなっていた．

奥野忠一，久米均，芳賀敏郎，吉澤正共著の『多変量解析法』(日科技連出版社，1971)をはじめとして，当時の多変量解析に関する書籍は極めて難解であり，数学の素養がないと読破は困難であった．近時，多変量解析を平易に解説しようとした書籍も多数見受けられるようになってきたが，理論面の取り扱い方は多種多様である．

本書では，実務への多変量解析の適用を念頭に置いている．よって，計算は手持ちのパソコンで簡単に実施できるようにし，そのための解析ソフトウェアの使用方法と，計算結果(出力)の解釈方法について解説する．一方で，理論には深入りすることなく，数式部分を読み飛ばしても直観的に理屈を習得できるよう配慮した．

上記のようなねらいから，第 1 章では多変量解析の概要と必要最小限の関連知識を紹介し，幅広い場面で使用できる実務にすぐに役立つ解析ソフト，すなわち，Microsoft Excel(以下，単に Excel と呼ぶ)の機能を活用して，汎用的な手順で多変量解析を定型的に行う方法を示す．そして，Excelの使い方と活用方法については，各章の例題への適用を通して習得できるようにした．

そのうえで，第2章では最も簡単な手法である単回帰分析，第3章では多変量解析の中心的な手法の1つである重回帰分析を取り上げ，第4章から第7章で展開する多変量解析の基礎となる考え方と解析方法を与える．

重回帰分析の発展系として，第4章で数量化理論Ⅰ類，第5章でロジスティック回帰分析，第6章で曲線回帰分析を取り上げる．そして，第7章では，重回帰分析の理論・手順を用いて判別分析する方法を取り上げた．

第8章では，重回帰分析と並んで，多変量解析の中心的な手法の1つである主成分分析を取り上げ，第9章ではクラスター分析を解説し，第10章では，第9章までで取り上げなかった手法や多変量解析における注意点を示した．

本書の各章には以上のような関連性をもたせて構成してある．

手法の使い方だけでなく，ある程度は理論(数式)も理解したいと思っている読者のために，本文とは切り離し，巻末の付録として理論面について若干の補遺を示しているが，本文の内容はここを読まなくても理解できるので，安心していただきたい．さらなる理論面の習得を目指している読者は，専門書などで学んでいただきたい．

最後になるが，終始筆者らの活動をご支援くださった(一財)日本科学技術連盟大阪事務所の岡田拓治氏と山田ひとみ氏，および出版に当たって常に筆者らを励ましてくださった㈱日科技連出版社の鈴木兄宏氏と田中延志氏に深く感謝する．

2021年7月

編著者　松本哲夫

# 目　次

**例題・自由演習の数値データと標準解答のダウンロード方法**

本書で使用する例題・自由演習の数値データと標準解答は，日科技連出版社のウェブサイト（https://www.juse-p.co.jp/）からダウンロードできます．サンプルファイルと本書を併用すればより理解が深まるとともに，実務への適用が容易になります．

**パソコンの環境**

本書では，Windows 版 Excel がインストールされているパソコンを対象としています．

Excel のバージョンについては，現時点で，2007，2010，2013，2016，2019 での動作確認をしていますが，任意の環境で動作することを保証しているわけではありません．

**免責事項**

著者，および出版社のいずれも，Excel の解析ソフトウェアを利用した際に生じた損害についての責任，ならびにサポート義務を負うものではありません．

# 第1章
# 多変量解析

一般に，特性値に影響する因子は多くあり，これらの因子と特性値の関係を知りたい場面は数多い．

例えば，売上には，商品力や価格，販売促進，販売チャネル，サプライチェイン，マーケティングなどがかかわってくる．利益率には，原価や一般管理費，商品特性には原材料や製造方法など，原因となる因子は多岐にわたる．商品力は，ブランド，デザイン，スペック，信頼性などにより総合的に決まる．

また，企業における研究開発や生産工程，市場調査や売上予測などあらゆる場面で複雑な事象・問題にぶつかり，それにふさわしい多変量解析を用いて，その問題を解決していかねばならないことがしばしば生起する．

一方，特性値自体も一つではなく多数に及ぶ．繊維製品でたとえると，風合い，杢（もく），ドレープ性，デザイン，防融性，難燃性，色調，強伸度，耐候性，耐光性，洗濯堅牢度，……と多数存在し，これらの特性値間には多少の相関がある．すなわち，特性値にしろ，それに影響する因子にしろ，これらを個別に見るのでは不十分で，総合的に要約し，理解しやすい形でまとめることが好ましい．

多変量解析は難解な手法の一つに数えられているが，難解で厄介なのは理論と計算であり，考え方や使用法そのものは決して難しいものではない．**第2章**から**第9章**の各論では，理論は最小限に止め，読者の皆さんそれぞれが置かれた状況に相応しい手法をいかに選択するか，また，その手法の考え方をわかりやすく示してある．計算はExcelで行い，その出力結果の見方・解釈を平易に解説した．本書では，実務への適用を主と考えているので，理論に興味のある読者以外は，理論部分と脚注，付録を読み飛ばしても，また，参考文献を参照せずとも，多変量解析の実務への適用とその習得に支障はない．

さて，多変量解析は手計算では実質上不可能であるため，コンピュータで計算することが不可避となるが，反面，データを入力すれば，大量の計算結果が出力される．したがって，結果の解釈の仕方がわからないと，誤解釈につながったり，そもそも，使い方自体が正しくないと間違った結論になってしまう．よって，上記のように，手法の選択と結果の解釈が大切になる．

本章では，多変量解析を行うに当たって必要となる関連知識を解説する．

## 1.1 多変量解析に当たっての前処理

多変量解析を行うとき，得たデータをそのまま用いることは好ましくない場合がある．このとき，事前にデータの加工や前処理を行ったうえで解析に供することが大切になる．すなわち，収集したデータは，必要に応じて適切な数値変換(例えば，ロジット変換，対数変換，数量化など)を施したり，また，ダーティデータ[1)]をクリーニングしたり，スクリーニングしたりする必要がある．

## 1.2 データの尺度

われわれが取り扱うデータには種々のものがあるが，それがどのような尺度でとられたものかの吟味が第一歩である．尺度とは物事を評価したり判断したりするときの「ものさし」，あるいは，基準と考えるとよい．多変量解析を行ううえで，「データがどんな尺度でとられたものであるか」を理解しておくことが大切である．問題にふさわしい手法を選択するときにも，「尺度が何であるか」の情報が必要となる．

本節では，心理学の分野で一般的に体系化されている 4 つの尺度について理解しておこう．

① 名義尺度[2)]：電話番号，郵便番号，男女など，物事を識別するための尺度である．等しいものには同じ番号を与え，異なるものには異なる番

1） 根拠が明確でないデータのことである．
2） 分類尺度と呼ぶこともある．

号を与える．たとえ数値データであっても，数字の大小には意味がない．

② 順序尺度：宝石の品位の良さ，兄弟の序列，コンテストでの1位－2位－3位など，より上位のものに大きな(小さな)数字を与える．順序は変えられないが，各順位間の間隔は問題としない．

③ 間隔尺度：順序だけではなく，その差も定量化したものである．温度，西暦，偏差値，心理特性における段階などがある．間隔尺度は差に意味があるので，気温30℃は10℃の3倍暑いというわけではなく，0℃だからといって温度がないわけでもない．

④ 比尺度：間隔尺度であって，かつ，0に意味があるものをいう．強度，お金，人数など，多くの数値は比尺度である．比率にも意味があるので，1,000円は100円の10倍多く，0円はお金がないことを意味する．

名義尺度と順序尺度をまとめて質的データといい，間隔尺度と比尺度をまとめて量的データという．

## 1.3　多目的最適化

特性値が1つのときはよいが，実務では2つ以上になることがあり，多目的最適化が必要となる．しかし，固有技術と直結しているため，一般的に適切な対応策を示すことは困難である．本節では2特性の場合の簡単な具体例を示すので，それを出発点に実務では自工程および当該技術分野の実情に合致した対応を工夫するとよい．

① $z$を総合特性，$y_1$，$y_2$を2つの望大特性とするとき

1）$z$を$y_1$，$y_2$の幾何平均とする　→　$z=\sqrt{y_1y_2}$を最大にする．

2）$z$を$y_1$，$y_2$の算術平均とする　→　$z=(y_1+y_2)/2$を最大にする．

② $z$を総合特性，$y_1$を望大特性，$y_2$を望小特性とするとき

3）$z=y_1-y_2$を最大にする．

4）$z=y_1/y_2$を最大にする．

③ $z$を総合特性，$y_1$を望大特性，$y_2$を望目特性[3)]とするとき

5）$z=y_1-\lambda(y_2-c)$を最大にする．ここで，$c$は$y_2$の目標値である．

このzをラグランジュの未定定数法[4)]を用いて極値を求める.

## 1.4 データマイニングとビッグデータ

データマイニングは，例えば，大量のデータを網羅的に解析し，企業と顧客間の長期的，かつ良好な関係を形成するための情報を抽出する手法で，戦略を強力にサポートするテクノロジーである[2]．具体的には，企業が収集する大量のデータを分析し，有用なパターンやルールを発見し，マーケティング活動を支援する統計的手法であり，多変量解析法とも密接な関係がある.

データマイニングは次の2つに大別できる.

① 仮説検証(目的志向)的データマイニング

目的変数があり，購買量や顧客の反応を予測したり，そのために顧客を分類したりするものである．回帰分析，デシジョンツリー，ニューラルネットワークなどの多くの手法は，目的をもって適切なモデルをつくるために使われる.

② 知識発見(探索)的データマイニング

目的変数がなく，得られたデータから有用なルールやパターン，類似性などを見つけ出そうというもので，代表的な手法としてマーケットバスケット分析に用いられるアソシエーション分析がある．**表1.1**に，データマイニングと統計解析を比較しておく.

また，**表1.2**に，実験計画法と多変量解析を比較した．結果として得られるデータを多変量解析することを前提に，実験計画法によりデータを得るのが好ましいが，実務的には困難なこともある．いずれにせよ，正しく適用すれば，多変量解析は実務において大きな成果をもたらす.

なお，近時，よく用いられているビッグデータという term(用語)は，データマイニングなどで一般に使用されていた言葉で，2010年代に入る

---

3） ある値になってほしい特性値のことである.

4） 条件付き極値問題への対応に便利なラグランジュの未定定数法 Lagrange's undetermined multiplier method)については，古いものだが参考文献[1]がわかりやすい.

表 1.1　データマイニングと統計解析の比較

| データマイニング | 統計解析 |
|---|---|
| データ量が多い | データ量は比較的少ない |
| 知識発見 | 仮説検証 |

表 1.2　実験計画法と多変量解析の比較

| | 実験計画法 | 多変量解析法 |
|---|---|---|
| 結果の信頼性 | 実験の場の管理により信頼性は高い． | データの素性が不明な場合は，信頼性に劣る． |
| データの効率 | 直交計画であることが多いため，データ 1 個当たりの情報量が多い． | データ 1 個当たりの情報量は少ないが，データ数は多い． |
| 手間や費用 | 新たにデータを採取するため，時間や費用を要す． | 既存のデータを使用するなら，時間・費用はさほどかからない． |

と，独立した term として用いられるようになり，新聞や雑誌などでもよく見かけるようになった．

ビッグデータは，従来のデータベース管理システムなどでは記録・保管・解析が難しいような巨大なデータ群のことである．明確な定義があるわけではなく，企業向け情報システムメーカのマーケティング用語として多用されている．

単に量が多いだけでなく，さまざまな種類・形式が含まれる非構造化データ・非定型的データであり，時系列・リアルタイムのものを指すことも多い．今までは管理しきれないため，見過ごされてきたそのようなデータ群を記録・保管して即座に解析することで，ビジネスや社会に有用な知見を得たり，これまでにないような新たな仕組みやシステムを産み出す可能性が高まる[3]．

2001 年，業界アナリストのダグ・レイニー(Doug Laney)は，現在主流となっているビッグデータの定義に関連し，量(volume)，速度(velocity)，多様性(variety)という3つのVを挙げている[4].

## 1.5　多変量解析の目的

多変量解析の目的は，予測と要約の2つに大別できる.

まず第一に，予測のための手法とは，複数の変数から何らかの結果を予測するもので，因果関係を数式化する手法である.「原因系をどうすれば，望む結果が得られるか」ということを知るためにも使える．原因系のデータを「説明変数」，結果側の変数を「目的変数」などという．結果は原因系によって定まる．すなわち，結果は原因に従属しているという意味で，目的変数を「従属変数」，また，原因側が独立している場合，説明変数を「独立変数」ということもある.

予測の手法で最も簡単なのは，説明変数が1つの単回帰分析である．例えば，樹脂成形品の強度$y$を改質剤の添加量$x$の一次式で表したい場合である．説明変数が増えた場合には，重回帰分析によって因果関係を明らかにする.

次に要約の手法とは，多数存在する変数を組み替え，より少ない新しい変数とする手法である．要約した少ない変数から変数の背後にある原因を推論するのがねらいで，主成分分析が代表的な手法である．算数，理科，国語，社会の4教科を考えたとき，「その点数は無関係ではなく，理系の能力と文系の能力に要約できる」と推論する場合が例示できる．このとき，結果的に，4科目を2つの能力に要約できたことになる.

## 1.6　多変量解析の種類と理論的な基礎

多変量解析には，多数の手法が知られている．**第2章〜第9章**で述べる各論，ならびに**第10章**で述べるその他の解析法を参照されたい.

最小2乗法は，予測を目的とする重回帰分析における理論的な根拠である．一方，要約を目的とする主成分分析は，出発行列の固有値問題となる.

### 1.6.1　予測を目的とする解析

回帰分析を始めとする予測を目的とする多変量解析，あるいは，要因配置実験や直交表実験の分散分析などに汎用的に用いられている式(1.1)のデータの構造を，一般線形モデル(GLM：General Linear Model)と呼ぶ．

$$y_i = x_{0i}\beta_0 + x_{1i}\beta_1 + \cdots + x_{pi}\beta_p + e_i \quad (i = 1,\ 2,\ \cdots,\ n) \tag{1.1}$$

式(1.1)で，$y_i$はデータを．$x_{ji}(j = 1,\ 2,\ \cdots,\ p)$は，$j$番目の説明変数の値で，デザイン行列$\boldsymbol{X}$(**付録**C参照)の要素を示す．例えば，データ数$n$の回帰モデルでは，$x_{0i} = 1$であり，それぞれ，$\beta_0$は母切片を，$\beta_1$，$\cdots$，$\beta_p$は$p$個の母回帰係数を表す．$e_i$は残差を表し，モデルが適切であれば母平均$\sigma$，母分散$\sigma^2$の正規分布$N(0,\ \sigma^2)$に従うと仮定する．

式(1.2)の残差平方和$Q$を最小にする列ベクトル$\hat{\boldsymbol{\beta}}^T = (\hat{\beta}_0, \hat{\beta}_1, \cdots, \hat{\beta}_p)$は，最小2乗法により推定することができる．上付きの「＾(ハット)」と「$^T$(トランスポーズ)」は，それぞれ，推定，転置(行と列の入替え)を表す．

情報行列$\boldsymbol{X}^T\boldsymbol{X}$に逆行列が存在するとき，解を一意的に求めることができ，解析手順は明解かつ定型的である．詳細は，巻末の**付録**Cを参照されたい．

$$Q = \sum_{i=1}^{n} e_i^2 = \sum_{i=1}^{n} \{y_i - (x_{0i}\beta_0 + x_{1i}\beta_1 + \cdots + x_{pi}\beta_p)\}^2 \tag{1.2}$$

**[モデルの検証について]**

重回帰分析を実施する際，以下のように，回帰モデルの検証を行っておくことが好ましい．

手元にあるすべてのデータを用いて回帰モデルを推定し，これらのデータをうまく説明することができたとする．しかし，手元にあるデータ以外には意外と当てはまらないおそれがある．そこで，得られた回帰モデルの検証の一手段として，手元のデータを学習用と検証用の2種類に分けて解析するやり方を考える．

すなわち，学習用のデータで回帰モデルを推定し，検証用のデータで結果を確認することで回帰モデルの検証を行うのが効果的である．このとき，データの分け方を変えて再度検証することもしばしば行われる．

### 1.6.2 要約を目的とする解析

主成分分析を例にとって説明する．K.Pearson は幾何学的な解釈を主成分分析に与えた．$m$ 次元ではわかりにくいので，**図 1.1** には $m=2$ とした 2 次元で示す．

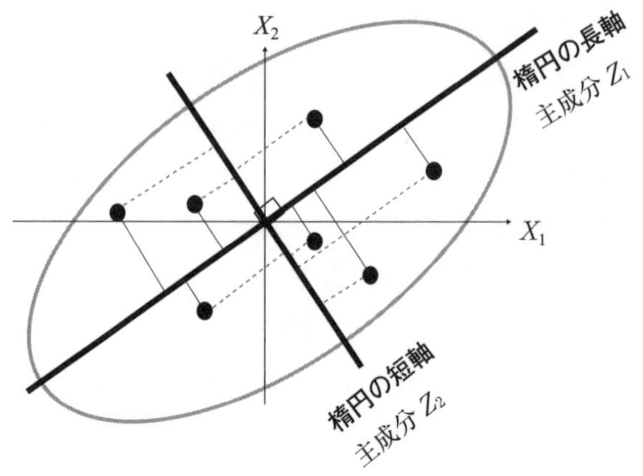


**図 1.1 主成分分析($m=2$)の図解**

最小 2 乗法では，各点から回帰直線までの縦軸($y$ 軸)に平行な距離の 2 乗和を最小にするのに対し，主成分分析では，各点からある傾きの直線(主成分軸)に垂線を下ろし，その長さの 2 乗和を最小にする軸を求める．

数学的にいえば，出発行列である各変数間の相関行列 $\boldsymbol{R}$ の固有値問題と理解できる．詳細は，**付録** E を参照されたい．

多変量解析の詳細については，奥野忠一ら著の『多変量解析法』(日科技連出版社，1971)[5]，花田憲三著の『実務にすぐ役立つ実践的多変量解析法』(日科技連出版社，2006)[6]などを参照されたい．また，本書では，基礎的な統計的推測の方法について詳しくは述べていないので，松本哲夫ら著の『実務に使える実験計画法』(日科技連出版社，2012)[7]などを適宜参照されたい．

## 1.7　Excel による計算方法

本書では，計算は Excel の分析ツールを用いて行う．

### 1.7.1　データ分析ツールの活用

計算の基本手順を以下に示す．

**(手順 1)**　Excel を起動する．

**(手順 2)**　上のタグの「データ」をクリックする．

**(手順 3)**　一番右にある「データ分析」をクリックする．「データ分析」が表示されない場合は次の囲みの手順でアドインを追加する．

**(手順 4)**　分析ツールのメニューウインドウが開くので，必要なものを選択する．

**(手順 5)**　ウィンドウの指示に従って入力し，計算する．

[アドインの追加]

**(手順 1)**　左上の Excel のボタンをクリックする．

**(手順 2)**　オプションをクリックする．

**(手順 3)**　アドインをクリックする．

**(手順 4)**　左下の管理のところが「Excel アドイン」となっていることを確認する．そうなっていないときは，下向き矢印をクリックして，選択肢のなかから「Excel アドイン」を選ぶ．

**(手順 5)**　設定をクリックすると，分析ツールのウィンドウが開く．

**(手順 6)**　「分析ツール」と「分析ツール-VBA」にチェックを入れ，OK をクリックする．「ソルバー」にもチェックを入れておくとよい．

**(手順 7)**　**1.7.1** 項の手順 2 に戻る．

### 1.7.2　行列関数

本書では，説明の便宜上，行列関数を使用する．その際の基本手順を以下に示す．行列のセル範囲の入力は，網掛け状態にすることで指定できる．

**(手順1)**　Excel を起動する．

**(手順2)**　本書で必要な関数は以下の3つで，次の書式で関数名とその引数を入力する．

① 転置行列を計算する　→　=TRANSPOSE(転置したい行列のセル範囲)

② 逆行列を計算する　→　=MINVERSE(逆行列を求める行列のセル範囲)

③ 2つの行列・ベクトルの積を計算する　→　=MMULT(左からかける行列のセル範囲，右からかける行列のセル範囲)

**(手順3)**　行列関数の実行手順は以下のようにする．

① 計算結果を入れるエリアの左上のセルに移動する．

② そのセルからドラッグして，計算結果を表示するエリアを網掛けする．

③ そのまま左上のセルに実施する関数，TRANSPOSE 関数，MINVERSE 関数，MMULT 関数を(手順2)の形で入力する．

④ F2 キーを1回単押しする．

⑤ Shift と Ctrl の両キーを一緒に押しながら Enter キーを押す．

⑥ 計算結果が表示される．

### 1.7.3　ソルバー

本書ではソルバーを使用する．基本手順を以下に示す．

**(手順1)**　Excel を起動する．

**(手順2)**　上のタグの「データ」をクリックする．

**(手順3)**　一番右にある「ソルバー」をクリックする．

「ソルバー」が表示されない場合は **1.7.1** 項の［アドインの追加］手順と同

様にして追加する．

**(手順 4)**　メニューウインドウが開くので，必要なものを選択する．

**(手順 5)**　ウィンドウの指示に従ってパラメータを設定し，実行タブをクリックする．

**(手順 6)**　うまく収束すれば，解が表示されるので，「解を記入する」にチェックを入れ，「OK」をクリックする．

**(手順 7)**　うまく収束しないときは，反復回数の不足などが考えられるので，現在の状態のままでソルバーを再起動し，実行タブをクリックする．これで大抵は収束する．何度か再起動してもダメな場合，初期値やオプションを変えて再トライする．

**(手順 8)**　ソルバーのオプションはバージョンにより異なるが，Excel 2016 では**図 1.2**，**図 1.3** のようになっている．パラメータを適宜変更して使用する．

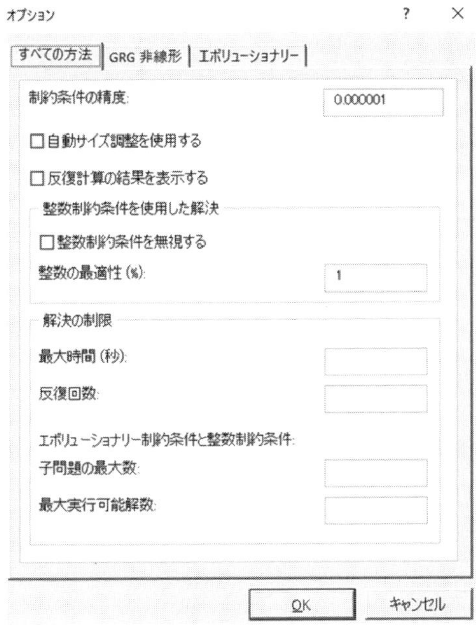

**図 1.2　ソルバーのオプション「すべての方法」**

図1.3　ソルバーのオプション「GRG 非線形」

## 1.8　例題

Excel にアドインされた「データ分析」を用いた統計的推測の例を示す(データの単位は省略している).

**[例題1.1]　統計量[5)]の計算**

次のデータについて，中央値，平方和，平均平方(不偏分散)を求めよ.

97　100　131　110　69　95　89　118　91　←　$y_i$

5）統計量とは，データから計算されるもので，(試料)平均値や(試料)標準偏差も統計量である.

## ■解析

**(手順 1)**　$y$ の値を Excel のワークシートに入力する(**表 1.3** の A 列).

**(手順 2)**　Excel の分析ツールの「基本統計量」を選択する.

**(手順 3)**　**図 1.4** のように入力し「OK」をクリックすると，**表 1.3** の C 列以

**表 1.3　計算結果(メジアンとあるのは，メディアンと読み替える)**

|  | A | B | C | D |
|---|---|---|---|---|
| 1 | 97 |  | 列1 |  |
| 2 | 100 |  |  |  |
| 3 | 131 |  | 平均 | 100 |
| 4 | 110 |  | 標準誤差 | 5.988414741 |
| 5 | 69 |  | 中央値 (メジアン) | 97 |
| 6 | 95 |  | 最頻値 (モード) | #N/A |
| 7 | 89 |  | 標準偏差 | 17.96524422 |
| 8 | 118 |  | 分散 | 322.75 |
| 9 | 91 |  | 尖度 | 0.530051556 |
| 10 |  |  | 歪度 | 0.12805516 |
| 11 |  |  | 範囲 | 62 |
| 12 |  |  | 最小 | 69 |
| 13 |  |  | 最大 | 131 |
| 14 |  |  | 合計 | 900 |
| 15 |  |  | 標本数 | 9 |
| 16 |  |  | 信頼区間(95.0%) | 13.80930916 |

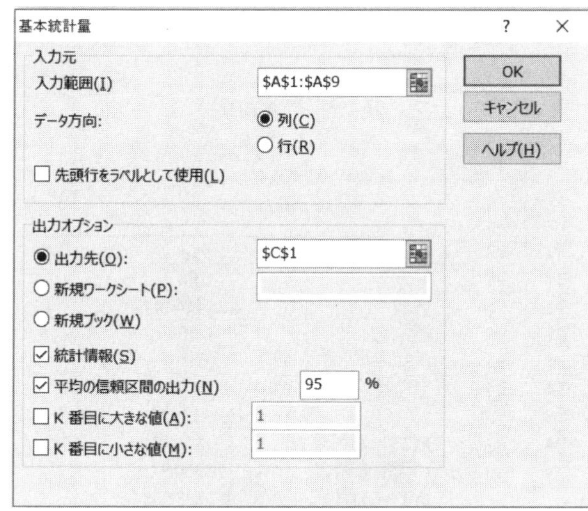


**図 1.4　基本統計量の入力画面**

降に計算結果が表示される．

**［例題 1.2］　2 標本の平均値の差の検定**

医薬品の中間原料の製造において，収量の増加を目的に添加剤の種類を検討することになった．2 種の添加剤を用いたときの中間原料の収量を以下に示す．添加剤により収量が変化するか否か有意水準 5% で検定してみよう．

88　90　89　93　92　95　89　84　86　94　←　$y_{1i}$

91　94　92　98　96　93　88　95　99　←　$y_{2i}$

**■解析**

**（手順 1）**　$y_1$，$y_2$ の値を Excel のワークシートに入力する（**表 1.4** の A 列，B 列）．

**（手順 2）**　分析ツールの「$t$ 検定：分散が等しくないと仮定した 2 標本による検定」を選択後，**図 1.5** のように入力し「OK」をクリックする．

**（手順 3）**　指定した D 列以降に計算結果が表示される．$t_0$（**表 1.4** では，単に $t$ と表記されている）の絶対値は 2.491 であり，片側検定，両側検定のいずれの場合も，該当する有意水準(5%)の値よりも大きく，検定結果は有意である．

**表 1.4　計算結果**

| | A | B | C | D | E | F |
|---|---|---|---|---|---|---|
| 1 | 88 | 91 | | t-検定: 分散が等しくないと仮定した2標本による検定 | | |
| 2 | 90 | 94 | | | | |
| 3 | 89 | 92 | | | 変数 1 | 変数 2 |
| 4 | 93 | 98 | | 平均 | 90 | 94 |
| 5 | 92 | 96 | | 分散 | 12.44444444 | 12 |
| 6 | 95 | 93 | | 観測数 | 10 | 9 |
| 7 | 89 | 88 | | 仮説平均との差異 | 0 | |
| 8 | 84 | 95 | | 自由度 | 17 | |
| 9 | 86 | 99 | | t | -2.491364396 | |
| 10 | 94 | | | P(T<=t) 片側 | 0.0116784 | |
| 11 | | | | t 境界値 片側 | 1.739606726 | |
| 12 | | | | P(T<=t) 両側 | 0.0233568 | |
| 13 | | | | t 境界値 両側 | 2.109815578 | |

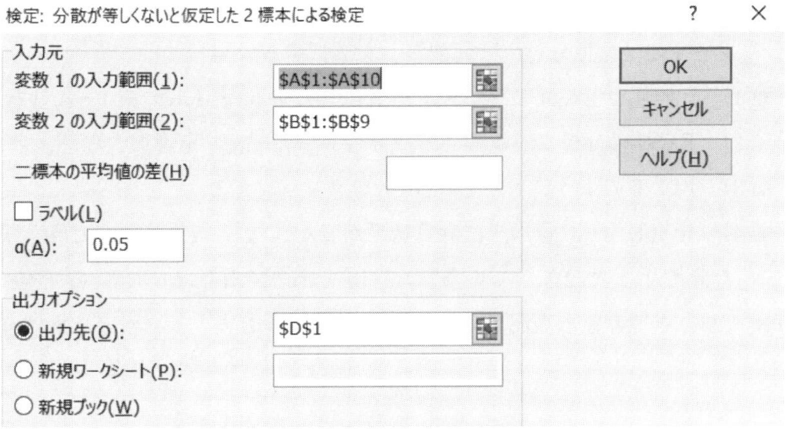

検定: 分散が等しくないと仮定した 2 標本による検定　?　×
入力元
変数 1 の入力範囲(1):　$A$1:$A$10
変数 2 の入力範囲(2):　$B$1:$B$9
二標本の平均値の差(H)
☐ ラベル(L)
α(A):　0.05
出力オプション
◉ 出力先(O):　$D$1
○ 新規ワークシート(P):
○ 新規ブック(W)
OK
キャンセル
ヘルプ(H)

図 1.5　$t$ 検定の入力画面

**[例題 1.3]　1 元配置の分散分析**

ある化学品の収量が，助剤の添加量によって差があるかどうかを検討するため，因子(助剤の添加量)の 3 水準($A_1$，$A_2$，$A_3$)を取り上げて実験することにした．各水準での繰返しを $n = 4$ 回とし，合計 12 回の実験をランダムに行ったところ，**表 1.5** のデータが得られた．分散分析してみよう．

表 1.5　データ表(単位省略)

全平均：$\bar{\bar{y}} = (84.5 + 91.0 + 87.0)/3 = 87.5$

| 助剤の添加量 | データ $y_{ij}$ | データ計 $T_{i\cdot}$ と書く | 平均値 $\bar{y}_{i\cdot}$ と書く | 要因効果 $\bar{y}_{i\cdot} - \bar{\bar{y}}$ |
|---|---|---|---|---|
| $A_1$ | 80　86　88　84 | 338 | 84.5 | -3.0 |
| $A_2$ | 88　90　92　94 | 364 | 91.0 | 3.5 |
| $A_3$ | 90　88　84　86 | 348 | 87.0 | -0.5 |

**■解析**

分析ツールの「分散分析：一元配置」を選択する．

**(手順1)**　$x_{ij}$の値をExcelのワークシートに入力する(**表1.6**の第1〜第3行)．

**(手順2)**　Excelの分析ツールの「分散分析：一元配置」を選択する．

**(手順3)**　**図1.6**のように入力し「OK」をクリックする．

**(手順4)**　指定したA6行以降に計算結果が表示される．$F_0$(**表1.6**では，観測された分散比と表記されている)は5.16であり，有意水準(5%)の$F$値(**表1.6**では，$F$境界値と表記されている)4.256よりも大きく，検定結果は有意である．

**[例題1.4]**

数値表によると，例えば，各分布の$\alpha$%点について，以下の数字が確認できる．これをExcel 2016の組み込み関数で計算してみよ．Excelのバージョンによって，表記が若干異なっている場合があるので注意すること．

(1)　$u(0.01)=2.326$

(2)　$u(0.025)=1.960$

(3)　$\chi^2(6,\ 0.975)=1.237$

(4)　$\chi^2(1,\ 0.05)=\{u(0.025)\}^2$

(5)　$t(14,\ 0.05)=2.145$

(6)　$t(9,\ 0.01)=3.250$

(7)　$F(8,\ 10;0.05)=3.072$

(8)　$u(0.05)=t(\infty,\ 0.10)$

(9)　$F(1,\ 14;0.05)=\{t(14,\ 0.05)\}^2$

**■解析**

例題1.4の計算結果は**表1.7**のとおりになる．

表 1.6　計算結果

| | A | B | C | D | E | F | G |
|---|---|---|---|---|---|---|---|
| 1 | A1 | 80 | 86 | 88 | 84 | | |
| 2 | A2 | 88 | 90 | 92 | 94 | | |
| 3 | A3 | 90 | 88 | 84 | 86 | | |
| 4 | | | | | | | |
| 5 | | | | | | | |
| 6 | 分散分析: 一元配置 | | | | | | |
| 7 | | | | | | | |
| 8 | 概要 | | | | | | |
| 9 | グループ | 標本数 | 合計 | 平均 | 分散 | | |
| 10 | A1 | 4 | 338 | 84.5 | 11.66666667 | | |
| 11 | A2 | 4 | 364 | 91 | 6.666666667 | | |
| 12 | A3 | 4 | 348 | 87 | 6.666666667 | | |
| 13 | | | | | | | |
| 14 | | | | | | | |
| 15 | 分散分析表 | | | | | | |
| 16 | 変動要因 | 変動 | 自由度 | 分散 | 観測された分散比 | P-値 | F 境界値 |
| 17 | グループ間 | 86 | 2 | 43 | 5.16 | 0.032141 | 4.256495 |
| 18 | グループ内 | 75 | 9 | 8.333333 | | | |
| 19 | | | | | | | |
| 20 | 合計 | 161 | 11 | | | | |

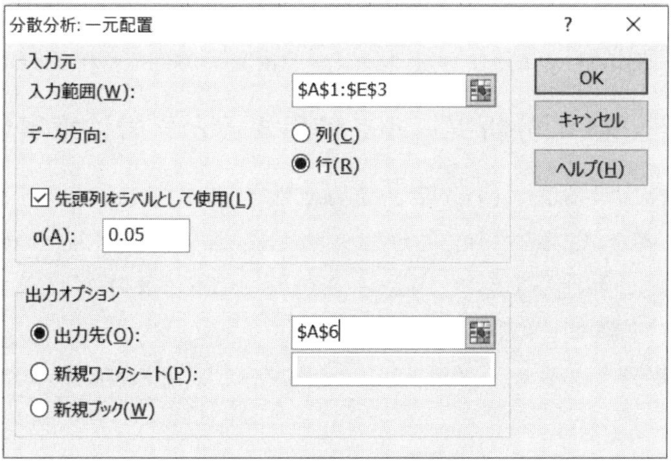

分散分析: 一元配置　?　×

入力元

入力範囲(W):　$A$1:$E$3

データ方向:　○ 列(C)　◉ 行(R)

☑ 先頭列をラベルとして使用(L)

α(A):　0.05

出力オプション

◉ 出力先(O):　$A$6

○ 新規ワークシート(P):

○ 新規ブック(W)

OK　キャンセル　ヘルプ(H)

図 1.6　一元配置の入力画面

表 1.7　例題 1.4 の計算結果

| | A | B | C | D | E | F |
|---|---|---|---|---|---|---|
| 1 | | | | | | |
| 2 | | 設問 | 入力式 | 結果 | 別解 | 別解の入力式 |
| 3 | | (1) | =－NORM.S.INV(0.01) | 2.326 | | |
| 4 | | (2) | =－NORM.S.INV(0.025) | 1.960 | | |
| 5 | | (3) | =CHISQ.INV(1-0.975,6) | 1.237 | | |
| 6 | | (4) | =CHISQ.INV(1-0.05,1) | 3.841 | | |
| 7 | | (5) | =TINV(0.05,14) | 2.145 | | |
| 8 | | (6) | =TINV(0.01,9) | 3.250 | | |
| 9 | | (7) | =FINV(0.05,8,10) | 3.072 | | |
| 10 | | (8) | =－NORM.S.INV(0.05) | 1.645 | 1.645 | =TINV(0.1,1000000000) |
| 11 | | (9) | =FINV(0.05,1,14) | 4.600 | 4.600 | =TINV(0.05,14)^2 |

**■注意**

① いずれの分布についても，自由度とパーセント点の入力順序に注意し，パーセント点を先に入力する.

② 正規分布のときは，前に'−'をつける.

③ $\chi^2$分布で 100$\alpha$％点を求めたいときは，1 − $\alpha$を入力する.

④ 自由度∞の $t$ 分布では，便宜上，自由度は 1000000000 を入れている.

## 1.9 Excel の分析ツールを使用するときの注意事項

本書で活用する Excel の分析ツールは便利であるが，以下に述べるように，一部に不都合があるので注意されたい．ただし，本書では，Excel の画面を参照する場合，特別の事情のない限り，便宜上，原文のままの表示としている.

① 回帰分析での計算結果

回帰統計の表で，「標準誤差」となっているが，「標準偏差」の誤りである.

標準誤差とは，その統計量がもつ誤差のことで，標準偏差とは異なる．データ数 $n$ 個の平均値 $\bar{y}$ で例示すると，$\sqrt{\dfrac{V_e}{n}}$ が標準誤差であり，（試料）

標準偏差$\sqrt{V_e}$とは異なる．

②　回帰分析での計算結果

分散分析表では，以下のように読み替え，一般に使用されている term に合わせる．

変動　→　平方和

分散　→　平均平方，または不偏分散

観測された分散比　→　$F_0$

検定は有意水準である $F$ 分布の 5% 点との大小関係により行う．本書では，「有意 $F$」「$P$-値」は使用せず，一般に使用されている term に合わせることを推奨する[6)]．

③　回帰分析での計算結果

回帰係数の推定の表では，以下のように読み替え，一般に使用されている term に合わせたほうがよい．「有意 $F$」は一般的に使用されていない．また，回帰係数に切片は含まない．回帰母数は，偏回帰係数と切片を含む term である．

係数　→　回帰母数

$X$ 値 $i$　→　変数 $X_i$に対する偏回帰係数(傾き)

④　分析ツールの回帰分析での入力画面

「有意水準」の入力項目があるが，これは，「区間推定における信頼率」

---

6）*P*-値は，R.A.Fisher が初めて提唱したもので，ある仮説の下で，観測データ，または，それより極端なデータが偶然に出現した確率のことである．Fisher の考えには，現在一般に行われている Neyman-Pearson 流の仮説検定の概念はなかったので，*P*-値が 0.05 より小さいから帰無仮説を棄却するというのは，誤った用法といえるであろう．上記のように，*P*-値は直接的かつ正確な値であるべきで，不等号を用いることは適切でない．このあたりの事情は，現在まだ論争中であり，未だ決着を見ていないようだ．興味のある読者は，以下の文献を参照されたい．なお，ASA は米国統計学会(American Statistical Association)を指す．

① 折笠秀樹：「*P* 値論争の歴史」，*JPN pharmacol Ther*, **46**, No.8, pp.1273–1279, 2018.

② Wasserstein R.L., Lazar N.A., Editorial：“The ASA’s statement on p-values: Context, process, and purpose.”, *The American Statistician*; **70**, pp.129–133, 2016.

の誤記であり，本書では基本的に用いない．チェックを入れずとも，信頼率95%の値は出力されるのでこれで十分である．チェックを入れる場合は「90」や「99」とすれば，信頼率90%や99%の値が出力されるが，実務上はほとんど用いない．

# 第2章
# 単回帰分析

## 2.1　単回帰分析とは

単回帰分析とは，1つの説明変数と1つの目的変数の関係を統計解析する手法である[1]．説明変数$x$と目的変数$y$との間にはどのような関係が存在するのか．例えば，1次関数のような線形関係が存在するかもしれないし，また，2次関数，あるいは，対数関数(指数関数)も考えられるだろう．

本章では，「線形関係が存在するかどうか」という最も基本的な解析方法について述べる．その手法として，単回帰分析の適用方法について解説する．

## 2.2　単回帰分析の概要

単回帰分析における線形関係を回帰直線と呼び，式(2.1)で表す．ここで，$i$番目のサンプルの目的変数を$y_i$，説明変数を$x_i$とし，$\beta_0$は母切片，$\beta_1$は母回帰係数1)(母偏回帰係数)，$e_i$は残差で線形関係が正しいとき，$N(0,\ \sigma^2)$に従う．

$$y_i = \beta_0 + \beta_1 x_i + e_i \tag{2.1}$$

このとき，切片は説明変数の値が0のときの目的変数の値，偏回帰係数は回帰直線の傾き，残差は回帰直線と目的変数の観測値との差を表す．

回帰直線は，最小2乗法で求めることができる[2]．最小2乗法では，残差の2乗の合計が最小になるように，切片と回帰係数を求める．詳細は参考文献[2]を参照されたい．**図2.1**に単回帰分析の概念図を示す．

**図2.1**において，式(2.2)の回帰直線の水準$x_i$における$y_i$の予測値が$\hat{\eta}_i$である．

---

1）　切片は，通常，回帰係数とは呼ばない．切片と回帰係数をまとめて表したものを回帰母数という．

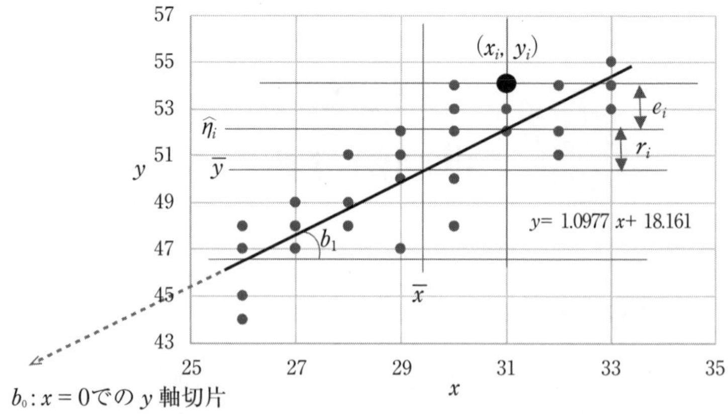


**図 2.1　単回帰分析の概念図　[例題 2.1] で例示**

$b_0$, $b_1$は，それぞれ，$\beta_0$, $\beta_1$の推定値$\hat{\beta}_0$, $\hat{\beta}_1$を示す．また，式(2.3)は，予測値$\hat{\eta}_i$と目的変数の平均値$\bar{y}$との偏差が $r_i$ であることを示す．

$$\hat{\eta}_i = b_0 + b_1 x_i \tag{2.2}$$

$$r_i = \hat{\eta}_i - \bar{y} \tag{2.3}$$

$r_i$の平方和は回帰によるもので，回帰の平方和という[1]．単回帰の場合は，回帰係数は$\beta_1$一つなので，回帰の平方和の自由度は 1 である．平方和は平均平方(不偏分散)に等しい．この回帰の平均平方を残差の平均平方で割った値($F_0$)が有意水準($\alpha = 0.05$)における $F$ 分布の 100$\alpha$% 点の値より大きいと，統計的に意味のある式ということになる．回帰直線による効果が残差の大きさに対して無視できない大きさであると判定できたので，回帰式による予測は信用できる．**2.3 節**で解析手順を詳細に解説する．

## 2.3　解析の方法

**[例題 2.1]**

ある小売店について，売上高 $y$ と来客数 $x$ について，売上高を来客数で予測する回帰式を求めたい場合を考えてみよう．30 日間のデータを表 **2.1**

表 2.1 売上高と来客数の関係

| | A | B | C |
|---|---|---|---|
| 4 | 日 | 来客数(人) | 売り上げ(万円/日) |
| 5 | 1 | 29 | 50 |
| 6 | 2 | 33 | 54 |
| 7 | 3 | 30 | 52 |
| 8 | 4 | 28 | 51 |
| 9 | 5 | 26 | 44 |
| 10 | 6 | 27 | 49 |
| 11 | 7 | 31 | 52 |
| 12 | 8 | 31 | 53 |
| 13 | 9 | 32 | 51 |
| 14 | 10 | 26 | 48 |
| 15 | 11 | 30 | 50 |
| 16 | 12 | 32 | 52 |
| 17 | 13 | 27 | 47 |
| 18 | 14 | 30 | 53 |
| 19 | 15 | 29 | 51 |
| 20 | 16 | 29 | 52 |
| 21 | 17 | 30 | 54 |
| 22 | 18 | 30 | 52 |
| 23 | 19 | 32 | 54 |
| 24 | 20 | 29 | 47 |
| 25 | 21 | 29 | 50 |
| 26 | 22 | 33 | 53 |
| 27 | 23 | 28 | 49 |
| 28 | 24 | 28 | 48 |
| 29 | 25 | 26 | 47 |
| 30 | 26 | 31 | 54 |
| 31 | 27 | 26 | 45 |
| 32 | 28 | 33 | 55 |
| 33 | 29 | 27 | 48 |
| 34 | 30 | 30 | 48 |

に示した．主な解析目的は次のとおりである．

① 来客数は売上高に影響を与えているか？

② 影響を与えているならば，売上高に及ぼす来客数の影響(傾き)はいかほどか？

③ 来客数の値をどれくらいにすれば目標の売上高(70万円／日)を達成できるか？

■解析

(手順1) **表2.1**は，売上高($y$)と来客数($x$)についてのデータであり，これを，ラベルを含めてExcelシートのシートのA4からC34に入力する．

(手順2) **表2.2**のように，入力のシートのB4からC34までデータをドラッグする．次に，Excelのメニュー「挿入」から**図2.2**のように「散布図」を選択する．すぐに散布図が作成できるので，$X$軸に関して，右クリックすると「軸の書式設定」画面が出る．**図2.3**のように最小値を25に設定すると，散布図が大きくなる．同様に，$Y$軸の最小値を40に設定すると，**図2.4**が出力される．

(手順3) **図2.4**にプロットされた点(どの点でもよい)を右クリックし，下から2番目の「近似曲線の追加」を選ぶ．「近似曲線の書式設定」の画面において，「線形近似(L)」「グラフに数式を表示する(E)」をチェックすると，**図2.5**のように，回帰直線が表示される．直線関係とみてよさそうである．しかし，この時点では，この式が統計的に意味のある式か否かは不明である．

(手順4) Excelの分析ツールを開き，「回帰分析」を選ぶ．次に**図2.6**のようにパラメータをセットする．**図2.6**において「OK」をクリックすると**表2.3**，および**表2.4**が出力される．

まず，**表2.3**の出力結果(1)に記載された用語について解説する．なお，Excelの出力に出てくる用語には，誤記や一般的ではない用法があったりするので，**1.9節**の注意を今一度確認されたい．

① 重相関$R$

表 2.2　データの指定(一部省略)

|  | A | B | C |
|---|---|---|---|
| 1 |  |  |  |
| 2 |  |  |  |
| 3 |  |  |  |
| 4 | 日 | 来客数(人) | 売り上げ(万円/日) |
| 5 | 1 | 29 | 50 |
| 6 | 2 | 33 | 54 |
| 7 | 3 | 30 | 52 |
| 8 | 4 | 28 | 51 |
| 9 | 5 | 26 | 44 |
| 10 | 6 | 27 | 49 |
| 11 | 7 | 31 | 52 |
| 12 | 8 | 31 | 53 |
| 13 | 9 | 32 | 51 |
| 14 | 10 | 26 | 48 |

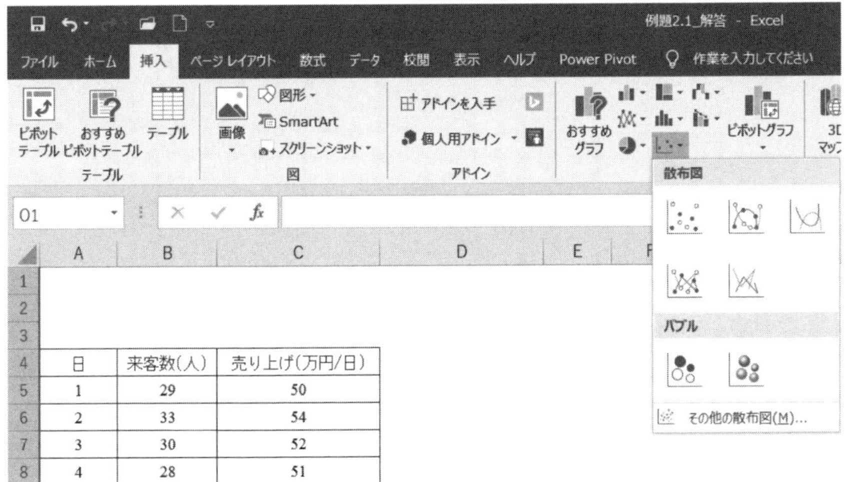


図 2.2　散布図の選択

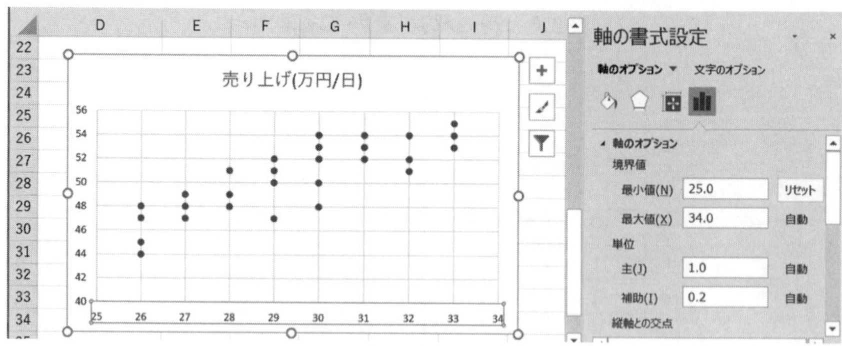


図 2.3　軸の書式設定

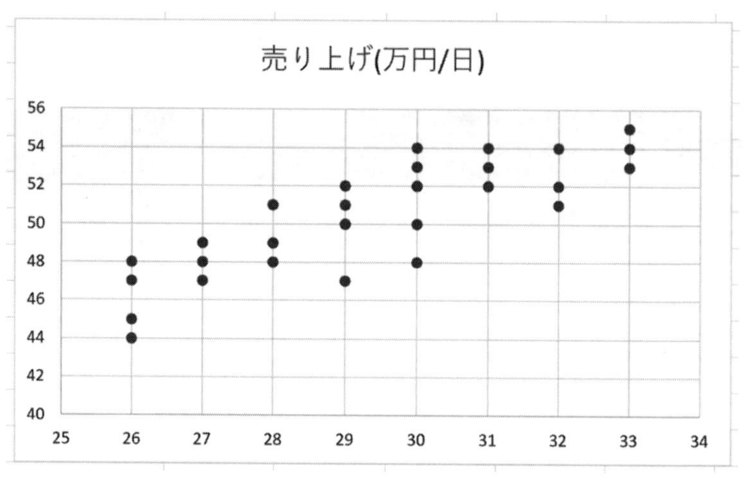


図 2.4　表 2.1 から得られた散布図

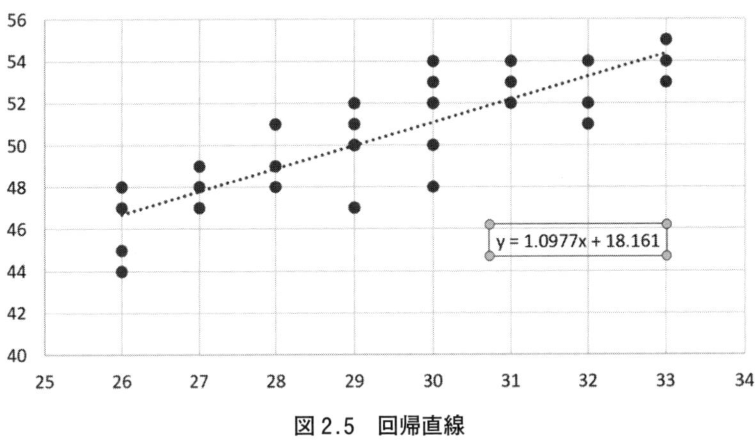


図 2.5 回帰直線

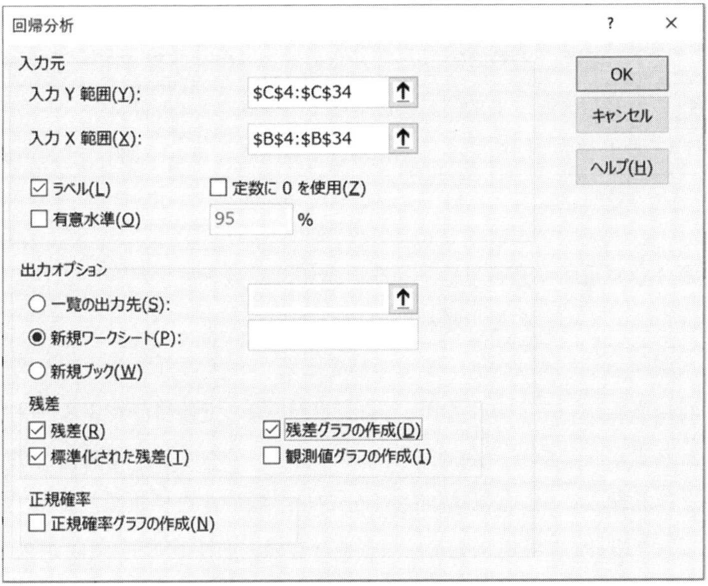

回帰分析 ? ×

入力元

入力 Y 範囲(Y): $C$4:$C$34

入力 X 範囲(X): $B$4:$B$34

☑ ラベル(L) ☐ 定数に 0 を使用(Z)

☐ 有意水準(O) 95 %

OK

キャンセル

ヘルプ(H)

出力オプション

○ 一覧の出力先(S):

◉ 新規ワークシート(P):

○ 新規ブック(W)

残差

☑ 残差(R) ☑ 残差グラフの作成(D)

☑ 標準化された残差(T) ☐ 観測値グラフの作成(I)

正規確率

☐ 正規確率グラフの作成(N)

図 2.6 パラメータのセット

**表 2.3　出力結果(1)**

| 回帰統計 | |
|---|---|
| 重相関 $R$ | 0.8371 |
| 重決定 $R^2$ | 0.7007 |
| 補正 $R^2$ | 0.6900 |
| 標準誤差 | 1.5995 |
| 観測数 | 30 |

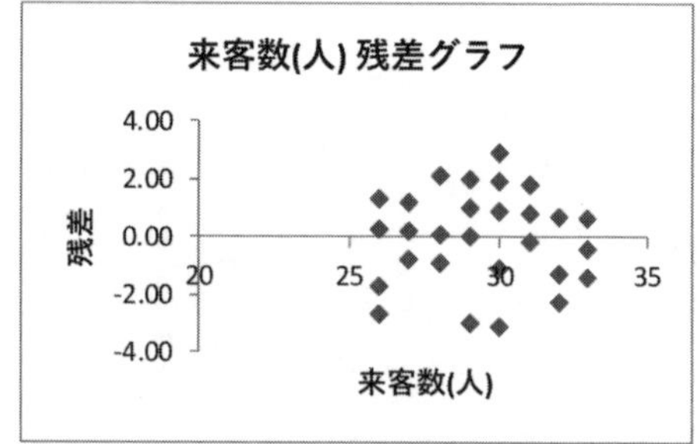


分散分析表

| | 自由度 | 変動 | 分散 | 観測された分散比 | 有意 $F$ |
|---|---|---|---|---|---|
| 回帰 | 1 | 167.73 | 167.73 | 65.56 | 0.00 |
| 残差 | 28 | 71.64 | 2.56 | | |
| 合計 | 29 | 239.37 | | | |

$F(1,28;0.05)$=4.1959718
$t$ (28;0.05)=2.0484071

| | 係数 | 標準誤差 | $t$ | $P$-値 | 下限 95% | 上限 95% |
|---|---|---|---|---|---|---|
| 切片 | 18.1609 | 3.9965 | 4.5442 | 0.0001 | 9.9744 | 26.3474 |
| 来客数(人) | 1.0977 | 0.1356 | 8.0968 | 0.0000 | 0.8200 | 1.3754 |

**第3章**の重回帰分析では，当然，重相関係数を表すが，ここでは単回帰分析を扱っているので，単相関係数のことを指す.

相関係数は，－1～＋1までの値をとる．－1に近いと，散布図における回帰直線が右下がりになり，点は回帰直線の近傍に分布する．＋1に近いと右上がりになり，点は回帰直線の近傍に分布する．相関係数が0になると無相関といい，点が傾向なく分布し，傾きがない状況となる[3]．この例では相関係数が0.8371と1に近いので，右上がりの傾向が見える**図 2.5**の状況と一致する.

②　重決定 $R^2$

**表 2.4　出力結果(2)**

| | A | B | C | D | E |
|---|---|---|---|---|---|
| 23 | | | | | |
| 24 | 観測値 | 予測値: 売り上げ(万円/日) | 残差 | 標準残差 | 売り上げ(万円/日) |
| 25 | 1 | 49.99 | 0.01 | 0.00 | 50 |
| 26 | 2 | 54.39 | -0.39 | -0.24 | 54 |
| 27 | 3 | 51.09 | 0.91 | 0.58 | 52 |
| 28 | 4 | 48.90 | 2.10 | 1.34 | 51 |
| 29 | 5 | 46.70 | -2.70 | -1.72 | 44 |
| 30 | 6 | 47.80 | 1.20 | 0.76 | 49 |

重決定係数(重寄与率)のことで，重相関係数の 2 乗の値である．したがって，1 に近づくほど，点は回帰直線の近傍に分布する．0 に近づくほど，点は回帰直線から離れたところに分布する．この例では 0.7007 と高い値を示し，**図 2.5** からも点が回帰直線に近く分布していることがわかる．$R^2$ は後述する回帰の平方和の総平方和に対する分率を示し，167.73/239.37 ≒ 0.7007 と計算される．

③　補正 $R^2$

自由度調整済み重寄与率のことで，重回帰分析で必要となる．**第 3 章**で解説する．

④　標準誤差(標準偏差の誤記)

残差の標準偏差である．この例では，予測値と実績値の残差の標準偏差は，残差の分散 2.56 の平方根で 1.60 万円/日と，かなり小さいことがわかる．

⑤　分散分析表

回帰の平均平方と残差の平均平方を比較し，得られた回帰式が統計的に意味をもつか否かを検定するのが分散分析表である．

1)　回帰の変動：回帰の平方和の自由度は 1 である．ここで「変動」

とあるのは，回帰の平方和，式(2.3)の2乗和のことである．「分散」とあるのは，回帰の平方和をその自由度1で割った回帰の平均平方(不偏分散)のことである．

2)　残差の変動：残差の自由度は(データ数 − 2)で[2]，残差の平方和は，式(2.1)の$e_i$の2乗和，すなわち，回帰直線による予測値と目的変数の実測値の差の2乗和のことである．

3)　観測された分散比(一般にいう$F_0$のこと)：回帰の平均平方と残差の平均平方との比，$F$検定の統計量$F_0$のことである．この比が大きいほど，残差よりも回帰のほうが大きく，回帰直線の信頼性が高いことを意味する．**表2.3**によると，分散比が65.56と$F$分布の5%点の値4.196よりかなり大きいので，統計的に意味のある信頼性の高い回帰直線が求まったと考えられる．

4)　有意$F$：本書では有意$F$を用いない．回帰が有意であるか否かは，有意水準$\alpha = 0.05$，回帰の自由度1，残差の自由度28の$F$値でもって$F$検定する．この例の場合，空きセルに「= FINV(0.05,1,28)」と入力し，Enterキーを押すと，4.1959718が計算される[3]．上記$F_0$の65.56はこの値より大きいので，得られた回帰式は統計的に意味があり，「来客数は売上高に影響を与えている」と判断できる．これが[例題2.1]の解析目的①への回答である．

5)　合計の変動(総平方和のこと)：回帰の平方和と残差の平方和の合計．観測値$y$の総平方和を示す．

⑥　切片　式(2.1)の$\beta_0$の推定値$b_0$のことである．

1)　係数：切片の値である．

2)　標準誤差(ここは，標準誤差で正しい)：統計量である切片$b_0$のもつばらつき(分散の平方根)のことである．

---

2）　データから，$b_0$と$b_1$の2つを推定したため，残りは$(n-2)$となる．

3）　$F$値は，一般に$F(\phi_1,\ \phi_2;\alpha)$と表記されるが，Excelでは= FINV$(\alpha,\ \phi_1,\ \phi_2)$と入力する．

3)　$t$(一般にいう$t_0$のこと)：切片をその標準誤差で割った値．$t$ 検定の統計量$t_0$のことである．

4)　$P$–値：本書では $P$–値を用いない．切片が有意であるか否かは，有意水準 $\alpha = 0.05$，残差の自由度 28 の $t$ 値でもって $t$ 検定する．この例では，セルに「= TINV(0.05,28)」と入力し，Enter キーを押すと，2.0484071 が計算される[4)]．$t_0$の 4.5442 はこの値より大きいので，得られた切片は 0 ではないということが確認できる．

5)　下限 95%，上限 95%：切片 18.16 の 95%信頼限界．

⑦　来客数(説明変数)

偏回帰係数(回帰直線の傾き)は 1.0977 である．これが[例題 2.1]の解析目的②への回答である．その他の項目は切片の 1)～5)と同じである．計算結果は省略するが，[自由演習 6.2]の曲線回帰を実施してみると，果たして，2 次項は有意ではない．

⑧　来客数(人)残差グラフ

この残差グラフは，来客数(説明変数)と残差の関係で，プロットされた点の分布にクセのない形状かどうかを検討する．もし曲線を描いていたり，離れ小島があったりすれば，多項式近似やデータに異常値がないか検討する必要がある．**表 2.3** には，特段の問題はない．

次に**表 2.4** の出力結果(2)に記載された用語について解説する．

❶　観測値：目的変数のデータの番号

❷　予測値：式(2.2)の回帰直線で求めた予測値

❸　残差：予測値と観測値の差

❹　標準残差：残差を平均 0，標準偏差 1 に規準化した残差

これらの残差，および，残差グラフから，「異常値がないか」「回帰直線を当てはめることが妥当かどうか」を判定することができる．

以上の結果から，例題における売上高の来客数に対する回帰直線は，信頼に

---

4）　$t$ 値は，一般に $t(\phi;\alpha)$と表記されるが，Excel では = TINV($\alpha$, $\phi$)と入力する．

値する式であると考えられる．

**(手順5)**　(手順4)までで回帰直線が求まったので，この式を用いて目標に対してシミュレーションしてみよう5)．例えば，**表2.5**のように来客数を5人ごとに区分して$x$をC列のセルに対応させ，回帰直線の式をセルD3にいれてD列にコピー＆ペーストするとよい．目標売上高は70万円／日なので，シミュレーション結果から来客数は，外挿になるが，50人程度が必要となる．これが[例題2.1]の解析目的③への回答である．

なお，このシミュレーションに関して区間推定するときは，**6.4節**に述べるような追加計算が必要になる．詳細は，**付録D**や参考文献[4]を参照されたい．

**表2.5　シミュレーション結果**

| | A | B | C | D |
|---|---|---|---|---|
| 1 | | | | |
| 2 | | 観測値No. | 来客数(人) | 売り上げ(万円/日) |
| 3 | | 1 | 0 | 18.2 |
| 4 | | 2 | 5 | 23.6 |
| 5 | | 3 | 10 | 29.1 |
| 6 | | 4 | 15 | 34.6 |
| 7 | | 5 | 20 | 40.1 |
| 8 | | 6 | 25 | 45.6 |
| 9 | | 7 | 30 | 51.1 |
| 10 | | 8 | 35 | 56.6 |
| 11 | | 9 | 40 | 62.1 |
| 12 | | 10 | 45 | 67.6 |
| 13 | | 11 | 50 | 73.0 |
| 14 | | 12 | 55 | 78.5 |
| 15 | | 13 | 60 | 84.0 |

5）得られた回帰式を$x$について解き，$y$に70を代入して$\hat{x}$を求める方法は逆推定と呼ばれる．数理的な取扱いが難解となるので，本書では採用せず，シミュレーション法により対応している．

**(自由演習 2.1)**

添加剤による製品特性への影響を 15 日間にわたって検討した**表 2.6** のデータを単回帰分析してみよ．$x$ は添加剤量，$y$ は製品特性である．

**表 2.6　添加剤量と製品特性のデータ**

| 日 | 添加剤量 $x$ | 製品特性 $y$ | 日 | 添加剤量 $x$ | 製品特性 $y$ |
|---|---|---|---|---|---|
| 1 | 3.9 | 47.9 | 9 | 4.9 | 58.7 |
| 2 | 3.0 | 51.4 | 10 | 4.2 | 52.7 |
| 3 | 2.3 | 42.3 | 11 | 4.5 | 62.4 |
| 4 | 2.5 | 50.9 | 12 | 2.1 | 39.3 |
| 5 | 3.3 | 49.2 | 13 | 4.9 | 50.8 |
| 6 | 2.2 | 50.2 | 14 | 2.7 | 42.6 |
| 7 | 2.8 | 51.4 | 15 | 2.6 | 42.7 |
| 8 | 2.5 | 52.0 | | | |

注）　単位は省略している．

## 2.4　繰返しのある場合の単回帰分析

一元配置分散分析法と同様，一つの水準 $x$ について，複数の $y$ のデータがある場合の単回帰分析を，繰返しのある場合の単回帰分析という．具体的には下記の[例題 2.2]のように，温度 $x$ を変化させたとき，3 個ずつのテストピースの伸び $y$ がどうなるかを単回帰分析して回帰式を求める．

**図 2.7** に繰返しのある場合の単回帰分析の概念図を示す．ここで，$S_T$ は全平方和で実測値 $y_{ij}$ と全体平均 $\bar{\bar{y}}$ との偏差平方和で，$S_E$ は級内変動すなわち，級の平均値 $\bar{y}_{i\cdot}$ と実測値 $y_{ij}$ との偏差平方和(誤差平方和)である[6]．

---

6）　$y_{ij}$ は第 $i$ 水準の $j$ 番目のデータ，$\bar{y}_{i\cdot}$ は第 $i$ 水準のデータの平均値を表す．

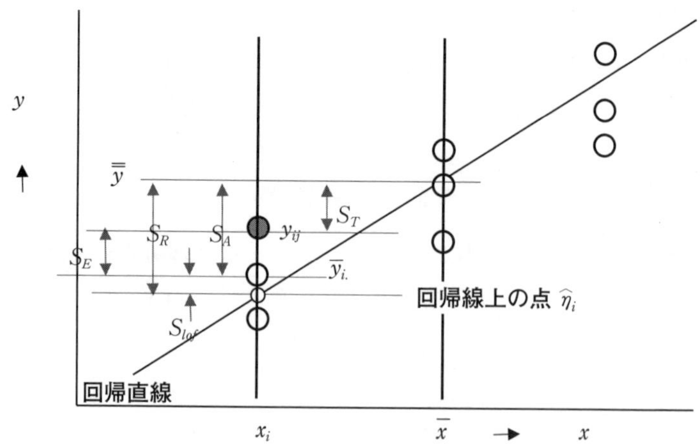


**図 2.7 繰返しのある場合の単回帰分析の概念図**

$S_R$は回帰の平方和で回帰直線上の点$\hat{\eta}_i$と全体平均$\bar{\bar{y}}$の偏差平方和である．$S_{lof}$は，級の平均値$\bar{y}_{i\cdot}$と回帰直線上の点$\hat{\eta}_i$との偏差平方和（あてはまりの悪さ *lack of fit* の平方和[7]）である．

あてはまりの悪さを評価できるのが繰返しのある場合の，ない場合に対するメリットである．$S_{lof}$が有意でない場合，$S_{lof}$を$S_E$にプーリングし[8]，残差平方和$S_e$とする．

なお，$S_A$は，一元配置分散分析と同じ，処理効果（級間平方和）であり，級の平均値$\bar{y}_{i\cdot}$と実測値の全体平均値$\bar{\bar{y}}$との偏差平方和である[9]．

---

7） あてはまりの悪さの平方和$S_{lof}$が大きい場合は，直線回帰へのあてはめが適切でないということを表す．そのような場合は，**第 6 章**の曲線回帰などを考える必要がある．

8） プーリングの目的は，モデルを簡単にして，現場活用での見通しをよくすること，誤差の自由度を大きくして，要因の検出力を上げることにある．プーリングする基準は確立されたものはないが，$F$ 分布の 25%点でも有意でないものをプールすること等が知られている．

9） [例題 2.1]も見かけ上，繰返しがないように見えるが，**図 2.1** を見るとわかるように，繰返し数の異なる 8 水準の単回帰分析と見れば，同様の解析が可能である．

**[例題 2.2]**

特殊材の熱膨張について検討している．そこで，0℃で 100mm 長となるようテストピースを作製して，温度によってどれだけ伸びたかを測定した．得られたデータを**表 2.7** に示す．

**表 2.7　データ表**

| 温度 $x$ (℃) | 20 | 25 | 30 | 35 | 40 |
|---|---|---|---|---|---|
| 伸び $y$ (μm) | 10.0 | 12.0 | 14.0 | 16.0 | 18.0 |
| | 9.2 | 11.3 | 13.1 | 15.1 | 17.1 |
| | 10.8 | 12.4 | 15.0 | 16.5 | 19.0 |

このデータを繰返し数の等しい一元配置の分散分析，ならびに単回帰分析を行い，得られた回帰式より，将来出現するであろうテストピースの伸びを点予測せよ．主な解析目的は次のとおりである．

① 温度が伸びに影響していることを確認する．また，熱膨張の影響(傾き)はいかほどか．

② 温度の影響は直線的と考えてよいか[10]．

③ 温度の値を与えたとき，テストピースの長さはどれほどの伸びを示すか．

**■解析**

**(手順 1)**　当然ながら，温度が上がるとテストピースが伸びる傾向にある．単回帰分析をしてみよう．なお，このデータの形式では，直接，分析ツールによるデータの指定ができないので，**表 2.8** の形式のデータ表を作る．

**(手順 2)**　データをグラフ化する．**表 2.7** のデータを Excel の散布図のメ

10)　繰返しのあるときは，直線をあてはめてもよいかについて，統計的な判断のできることが利点となる．繰返しがないと，かかる統計的な判断ができない．

表2.8　分析ツール用のデータ表(一部省略)

| No. | 温度 $x$ (℃) | 伸び $y$ ($\mu$m) |
|---|---|---|
| 1 | 20 | 10 |
| 2 | 20 | 9.2 |
| 3 | 20 | 10.8 |
| 4 | 25 | 12 |
| 5 | 25 | 11.3 |
| ⋮ | ⋮ | ⋮ |
| 14 | 40 | 17.1 |
| 15 | 40 | 19 |

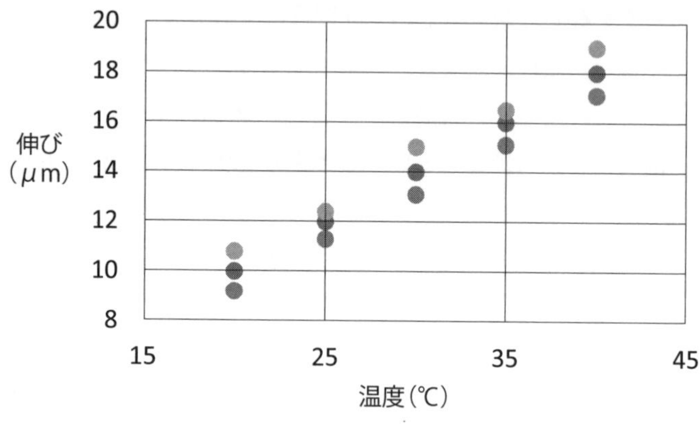


図2.8　温度と伸びの散布図

ニューから，**図2.8**のようにグラフ化する．グラフから，温度と伸びの間には，直線関係のあることが読み取れる．

(**手順3**)　繰返しがとられているので，繰返しのある一元配置の分散分析ができる．**表2.8**のデータを，分析ツールの一元配置分散分析で解析する．**図2.9**に操作画面を，**表2.9**に計算結果を示す．

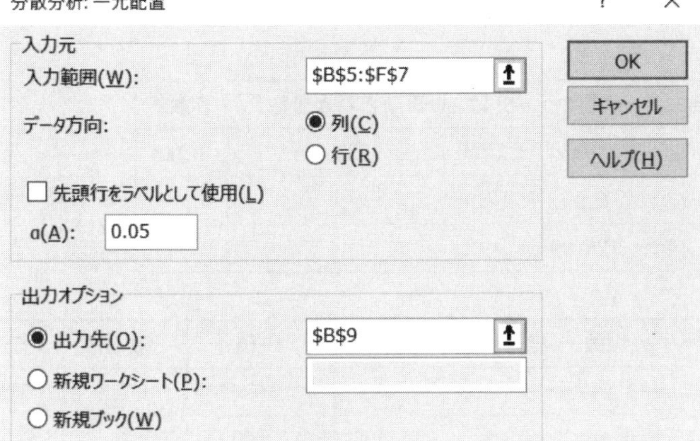


図 2.9　一元配置分散分析の操作画面

表 2.9　表 2.7 を分散分析した結果

概要

| グループ | データの個数 | 合計 | 平均 | 分散 |
|---|---|---|---|---|
| 列 1 | 3 | 30 | 10 | 0.64 |
| 列 2 | 3 | 35.7 | 11.9 | 0.31 |
| 列 3 | 3 | 42.1 | 14.03 | 0.90 |
| 列 4 | 3 | 47.6 | 15.87 | 0.50 |
| 列 5 | 3 | 54.1 | 18.03 | 0.90 |

$F(4, 10; 0.05)=3.478$
$t(28; 0.05)=2.048$

分散分析表

| 変動要因 | 変動 | 自由度 | 分散 | 観測された分散比 | $P$-値 | $F$ 境界値 |
|---|---|---|---|---|---|---|
| グループ間 | 120.47 | 4 | 30.12 | 46.19 | 0.00 | 3.478 |
| グループ内 | 6.52 | 10 | 0.65 | | | |
| 合計 | 126.99 | 14 | | | | |

**表 2.10 表 2.8 を回帰分析した結果**

**分散分析表**

| | 自由度 | 変動 | 分散 | 観測された分散比 | 有意 $F$ |
|---|---|---|---|---|---|
| 回帰 | 1 | 120.40 | 120.40 | 237.40 | 0.00 |
| 残差 | 13 | 6.59 | 0.51 | | |
| 合計 | 14 | 126.99 | | | |

$F(1,13;0.05)=4.667$
$t(13;0.05)=2.160$

| | 係数 | 標準誤差 | $t$ | $P$-値 | 下限 95% | 上限 95% |
|---|---|---|---|---|---|---|
| 切片 | 1.947 | 0.801 | 2.429 | 0.030 | 0.215 | 3.678 |
| 温度 $x$ (℃) | 0.401 | 0.026 | 15.408 | 0.000 | 0.344 | 0.457 |

グループ間変動は，5 水準の温度の処理効果であり，観測された分散比(処理効果の分散と誤差分散の比)$F_0=46.19$は，$F$ 分布の 5% 点 3.478 より大きいから，処理効果は有意であり，温度がテストピースの伸びに影響を与えているといえる．グループ内の分散 0.65 は誤差分散である．

(**手順 4**) データを回帰分析する．**表 2.8** のデータを分析ツールの回帰分析で解析した計算結果を**表 2.10** に示す．

回帰分析においても，観測された分散比$F_0$値 237.40 は $F$ 分布の 5% 点 4.667 より大きいので，得られた式 $y = 1.947 + 0.401x$ は統計的に意味のある式である．傾きは 0.401，$t_0$値は 15.408 であり $t$ 分布の 5% 点 2.160 より大きいので，有意である．これが[例題 2.2]の解析目的①への回答である．単回帰分析であるので，$t_0^2=15.408^2= 237.40 =F_0$となっている．

(**手順 5**) 繰返しのある場合の単回帰分析の分散分析表をつくる．**表 2.9** および**表 2.10** の 2 つの分散分析表を**表 2.11** のようにまとめる．あてはまりの悪さ $lof$ の平方和および自由度は，一元配置の分散分析の処理効果(グループ間変動)の平方和および自由度から，それぞれ，回帰分析の回帰の平方和および自由度を引けばよい．

**表 2.11 繰返しのある単回帰分析の分散分析表**

| 要因 | 平方和 | 自由度 | 不偏分散 | $F_0$ | $F$ (0.05) |
|---|---|---|---|---|---|
| 処理効果 | 120.47 | 4 | 30.12 | 46.19 | 3.478 |
| 回帰による効果 | 120.40 | 1 | 120.40 | 184.66 | 4.965 |
| あてはまりの悪さ | 0.07 | 3 | 0.02 | 0.04 | 3.708 |
| 誤差 | 6.52 | 10 | 0.65 | | |
| 合計 | 126.99 | 14 | | | |

**表 2.12 あてはまりの悪さを誤差にプーリングした分散分析表**

| 要因 | 平方和 | 自由度 | 不偏分散 | $F_0$ | $F$ (0.05) |
|---|---|---|---|---|---|
| 処理効果 | 120.47 | 4 | 30.12 | 59.39 | 3.18 |
| 回帰による効果 | 120.40 | 1 | 120.40 | 237.40 | 4.67 |
| 誤差 | 6.59 | 13 | 0.51 | | |
| 合計 | 126.99 | 14 | | | |

結果として，あてはまりの悪さ *lof* の分散と誤差分散の比は 0.04 と 1 より小さいので，*lof* を誤差にプーリングする．

**(手順 6)** あてはまりの悪さ *lof* を誤差にプーリングする．プーリング後の分散分析表を**表 2.12** に示す．

**表 2.10** では統計的に意味のある式であることまではわかった．しかし，**表 2.11** ではあてはまりの悪さが有意でないことを確認でき，**表 2.12** ではあてはまりの悪さを誤差にプーリングできたので，直線へのあてはめが妥当であることも確認できた．これが[例題 2.2]の解析目的②への回答である．

**(手順 7)** $x$ がある値のときのテストピースの伸び $y(\mu m)$ が $15(\mu m)$ になるとすると，次のように簡単な方法で $x$ の値をシミュレーションすることができる．**表 2.10** の最下段の表の外側に，データ欄とシミュレーション欄を作る．

表 2.13　目標の伸びを得るための $x$

|  | 回帰母数 | 標準誤差 | $t_0$値 | 下限95% | 上限95% |
|---|---|---|---|---|---|
| 切片 | 1.947 | 0.801 | 2.429 | 0.215 | 3.678 |
| 温度 $x$(℃) | 0.401 | 0.026 | 15.408 | 0.344 | 0.457 |

| データ欄 | シミュレーション欄 |
|---|---|
| 1 | 1.947 |
| 32.6 | 13.062 |
| 合計 | 15.008 |

ついで，シミュレーション欄のセルに，切片，偏回帰係数と対応するデータ欄の値をかける数式を書き込み，その最下段に合計欄を作る．切片には常に1を，傾きには $x$ の値を適当に入れて，合計欄が15になるように試行錯誤する．$x = 32.6$ で $y$ はおよそ15となった例を**表 2.13** に示す．

ここで注意すべきは，合計の値15.008はあくまで点予測値ということである．実際に確認実験をして得たデータには誤差が付随するので，ぴったり15.008にはならない．同時に，切片や偏回帰係数もデータから計算した統計量であるから，それ自体にもばらつきがあることも忘れてはならない．予測値やその平均値の95%予測区間を求めたり，母回帰(母平均)の95%信頼区間を求める方法は**付録 D** を参照されたい．さらなる詳細は，参考文献[6]を参照されたい．

## 2.5　おわりに

単回帰分析についてExcelの分析ツールで計算できる範囲で解説してきた．さらに詳細を理解するには参考文献[7]を参照されたい．

次章の重回帰分析では，さらに複雑なデータを解析するが，あくまで単回帰分析が基本になっているので，例題を通じて理解を深めてほしい．

# 第3章
# 重回帰分析

## 3.1 重回帰分析とは

重回帰分析とは，複数の説明変数を用いて目的変数を予測する多変量解析法の中心的な手法である[1]．単回帰分析と違い説明変数は複数になる．

目的変数は1つであるが，説明変数が複数あるので，単回帰分析と比較して解析理論は難解かつ複雑になる．また，重回帰分析は，手計算では困難なので，必然的にパソコンの力を借りることになる．

本章では，Excel の分析ツールを用いた簡便で実用的な解析方法を解説する．

## 3.2 重回帰分析の概要

重回帰モデルは，$i$ 番目($i=1, 2, \cdots, n$)のサンプルにおける目的変数の値を $y_i$，説明変数群の値を $x_{ji}$ ($j=1, 2, \cdots, p$)とし．$\beta_0$を母切片，$\beta_j$を母偏回帰係数，残差を$e_i$と置くと，式(3.1)の一般線形モデルで表すことができる．ここで，最小 2 乗法を用いて式(3.2)で表される残差 2 乗和 $Q$ を最小にするような $\beta_j$ ($j=0, 1, 2, \cdots, p$)の推定値を求めるのが重回帰分析である．理論の詳細は，**付録 C** および参考文献[2]を参照されたい．

$$y_i=x_{0i}\beta_0+x_{1i}\beta_1+\cdots+x_{pi}\beta_p+e_i \quad (i=1, 2, \cdots, n) \tag{3.1}$$

$$Q=\sum_{i=1}^{n} e_i^2=\sum_{i=1}^{n} \{y_i-(x_{0i}\beta_0+x_{1i}\beta_1+\cdots+x_{pi}\beta_p)\}^2 \tag{3.2}$$

$$\hat{\eta}_i=b_0+b_1x_{1i}+b_2x_{2i}+\cdots+b_px_{pi} \tag{3.3}$$

$$e_i=y_i-\hat{\eta}_i \tag{3.4}$$

式(3.1)は $p$ 次元の回帰平面を形成する．**図 3.1**(概念図)において，式(3.3)

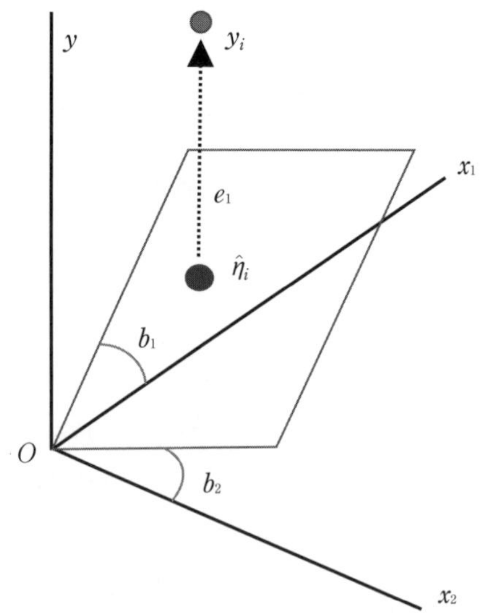


**図 3.1　重回帰分析($p = 2$)の概念図**

は回帰平面を表し，$\hat{\eta}_i$は予測値である．式(3.3)で，$b_0$，$b_1$，$b_2$，…，$b_p$は，それぞれ，$\beta_0$，$\beta_1$，$\beta_2$，…，$\beta_p$の推定値を示す．また，$e_i$は実測値と予測値の残差であり，式(3.4)で表され，$e_i$の平方和は，残差の平方和となる．

## 3.3　解析の方法

以下では，Excel の分析ツールを使った重回帰分析について，2 つの例題を解説する．[例題 3.1]は，一般的な重回帰分析の例で，解析手順を中心に説明する．[例題 3.2]では，変数選択，および多重共線性への対応を含む実務的な例であり，用語の意味などは[例題 3.2]で説明する．

**[例題 3.1]**

**表 3.1** は，あるプラスチック部品を製造している工場において，新しいプラスチック部品のライントライをしたときのデータである．プラスチック部品は製造条件の影響を受けやすく，外観や部品の反りに問題が発生す

**表 3.1 プラスチック部品ライントライ時のデータ表**

| No. | $x_1$ 射出速度(g/s) | $x_2$ 冷却時間(min) | $x_3$ 金型温度(℃) | $y$ 反り(mm) |
|---|---|---|---|---|
| 1 | 31 | 14 | 51 | -13.1 |
| 2 | 33 | 16 | 49 | -11.2 |
| 3 | 34 | 16 | 46 | -18.7 |
| 4 | 39 | 16 | 42 | -14.3 |
| 5 | 35 | 19 | 60 | -1.3 |
| 6 | 38 | 19 | 58 | 7.4 |
| 7 | 37 | 17 | 52 | -1.0 |
| 8 | 33 | 19 | 52 | -9.4 |
| 9 | 39 | 15 | 47 | -0.4 |
| 10 | 38 | 18 | 50 | -1.0 |
| 11 | 34 | 15 | 55 | -7.7 |
| 12 | 39 | 16 | 44 | -8.7 |
| 13 | 34 | 19 | 57 | -3.3 |
| 14 | 30 | 19 | 60 | 2.9 |
| 15 | 33 | 17 | 46 | -13.5 |
| 16 | 36 | 17 | 42 | -12.1 |
| 17 | 31 | 16 | 50 | -9.5 |
| 18 | 36 | 15 | 54 | -5.5 |
| 19 | 35 | 17 | 53 | -4.8 |
| 20 | 37 | 19 | 48 | -3.9 |
| 21 | 33 | 15 | 54 | -1.0 |
| 22 | 36 | 18 | 44 | -16.6 |
| 23 | 36 | 15 | 59 | -1.9 |
| 24 | 35 | 15 | 59 | -1.2 |
| 25 | 31 | 18 | 56 | -6.8 |
| 26 | 33 | 18 | 48 | -20.2 |
| 27 | 30 | 18 | 56 | -9.7 |
| 28 | 33 | 18 | 49 | -14.3 |
| 29 | 39 | 16 | 57 | 4.0 |
| 30 | 30 | 18 | 42 | -26.2 |

ることがある．今回は部品の反りを低減するために，ライントライのデータを重回帰分析で解析する．

工程では，大型射出成形機に原料ポリマーを投入し，金型へ注入・冷却して成形した後，次の加工工程に搬送している．部品の反りに影響を与える要因として，$x_1$：原料ポリマーの射出速度(g/s)，$x_2$：金型における冷却時間(min)，$x_3$：金型温度(℃)を取り上げた．

解析の主目的は下記①～③のとおりである.

① 回帰式は統計的に意味があるか，意味があるなら，反りに影響を与える説明変数はいくつあるか？

② 各説明変数の反りへの影響の程度はどれくらいあるか？

③ 各説明変数の値をいくつにすれば，目標の反り(0 mm)を達成できるか？

## ■解析

**(手順1)** **表3.1**では，反りに影響を与えると考えられる要因(上記$x_1$～$x_3$の3つ)をできるだけランダムに変えて実験した．ランダムにしたのは，要因間の相関が強いと，[例題3.2]で解説する多重共線性が発生して厄介になるのを避けるためである(詳しくは[例題3.2]における解析を参照されたい).

**(手順2)** **表3.1**のデータを，分析ツールの「相関」を使って相関分析する．**図3.2**に操作画面を示す.

**図3.2**のように操作を実行すると，**表3.2**の結果が出力される(見づらいので，見やすくするため，列幅や行高さなどを調整してある).

**表3.2**から，$x_1$：射出速度，$x_3$：金型温度は，反り$y$との相関が高く，

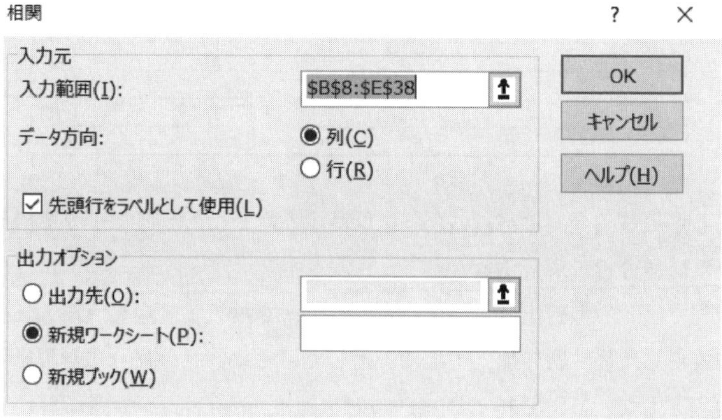

相関　？　×
入力元
入力範囲(I):　$B$8:$E$38
データ方向:　◉列(C)　○行(R)
☑先頭行をラベルとして使用(L)
出力オプション
○出力先(O):
◉新規ワークシート(P):
○新規ブック(W)
OK
キャンセル
ヘルプ(H)

**図3.2　相関分析の操作画面**

表 3.2　表 3.1 を相関分析した結果

| | $x_1$ | $x_2$ | $x_3$ | $y$ |
|---|---|---|---|---|
| $x_1$：射出速度(g/s) | 1 | | | |
| $x_2$：冷却時間(min) | -0.1532 | 1 | | |
| $x_3$：金型温度(℃) | -0.1546 | 0.0810 | 1 | |
| $y$：反り(mm) | 0.4023 | 0.0238 | 0.7218 | 1 |

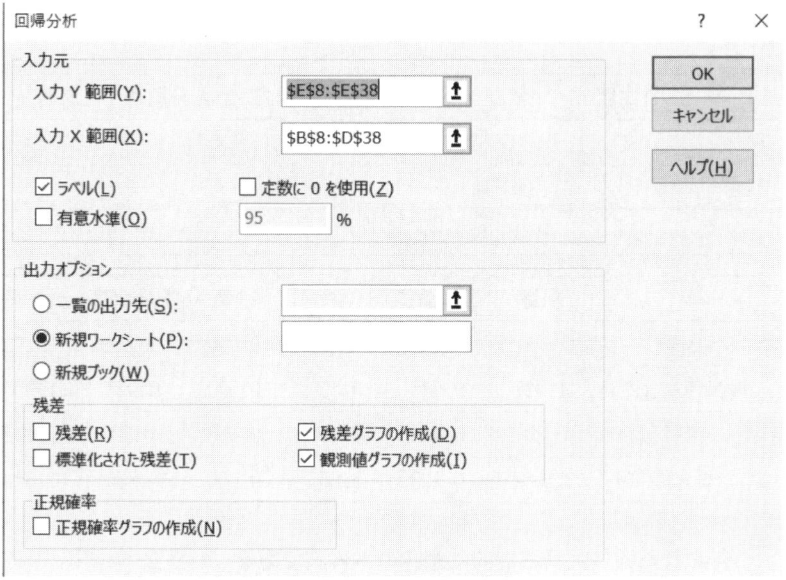

図 3.3　回帰分析の操作画面

$x_2$：冷却時間は，$y$との相関が低い．また，条件をランダムに設定したため，目論見どおり，$x_1$，$x_2$，$x_3$間の相関はすべて低くなっている．

**(手順 3)**　分析ツールの操作画面は，**図 3.3** である．ここでは，「残差グラフの作成」「観測値グラフの作成」にチェックを入れ，結果の考察に活かす．分析ツールで，**表 3.1** のデータを回帰分析すると，**表 3.3** が得られる．

$F_0$値(観測された分散比)は 33.24 で，$F$ 分布の 5%点 2.975 より大きいか

表 3.3　表 3.1 を重回帰分析した結果

| 回帰統計 | |
|---|---|
| 重相関 $R$ | 0.8906 |
| 重決定 $R^2$ | 0.7932 |
| 補正 $R^2$ | 0.7693 |
| 標準誤差 | 3.6979 |
| 観測数 | 30 |

| |
|---|
| $F(3,26;0.05)=2.975$ |
| $t(26,0.05)=2.056$ |

分散分析表

| | 自由度 | 変動 | 分散 | 観測された分散比 | 有意 $F$ |
|---|---|---|---|---|---|
| 回帰 | 3 | 1363.62 | 454.54 | 33.24 | 0.0 |
| 残差 | 26 | 355.54 | 13.67 | | |
| 合計 | 29 | 1719.17 | | | |

| | 係数 | 標準誤差 | $t$ | $P$-値 | 下限 95% | 上限 95% |
|---|---|---|---|---|---|---|
| 切片 | -116.019 | 14.055 | -8.255 | 0.000 | -144.909 | -87.128 |
| $x_1$：射出速度(g/s) | 1.427 | 0.245 | 5.836 | 0.000 | 0.924 | 1.930 |
| $x_2$：冷却時間(min) | 0.201 | 0.448 | 0.447 | 0.658 | -0.721 | 1.122 |
| $x_3$：金型温度(℃) | 1.087 | 0.123 | 8.856 | 0.000 | 0.835 | 1.340 |

ら，得られた回帰式は統計的に意味のある式である．しかし，$x_2$：冷却時間についての偏回帰係数は，$t_0$値($t$ 値)が 0.447 で $t$ 分布の 5%点 2.056 より小さいので，意味があるとはいえない．

観測値のグラフと残差グラフについて考察する．$y$ と最も相関の高い$x_3$と，最も相関の低い$x_2$の観測値のグラフを，それぞれ**図 3.4** と**図 3.5** に示す($x_1$ については省略する)．なお，分析ツールで出力される図は見づらいので，横軸の目盛りやマーカーなどを見やすいものに変更してある．

**図 3.4** では，$x_3$と $y$ との関係は予測値と観測値ともにプロットは右肩上がりに分布している．一方，**図 3.5** では，$x_2$と $y$ との関係には特段の目立った

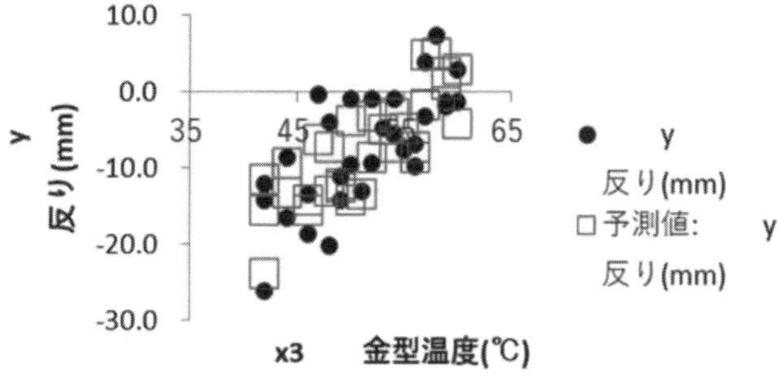


図 3.4 金型温度に関する観測値グラフ

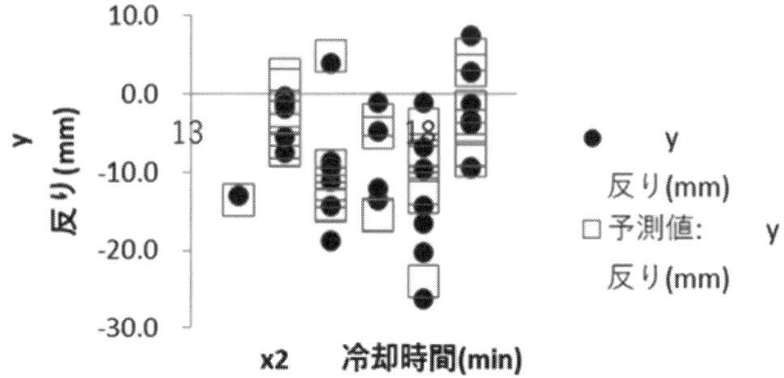


図 3.5 冷却時間に関する観測値グラフ

傾向は見えない．このことは，**表 3.2** の相関係数における考察と矛盾しない．

次に残差(予測値と観測値との差)について考察する．ここでも，$y$ と最も相関の高い $x_3$ と，最も相関の低い $x_2$ の残差グラフを**図 3.6** と**図 3.7** に示す．

いずれの残差グラフも，打点に特別の傾向が見当たらないので問題はない．

**(手順 4)** (手順 3)で，$x_2$ の冷却時間は有意と判定されなかったので，この変数を外し，説明変数を 2 つにして重回帰分析する．データは**表 3.4** となる．

**(手順 5)** **表 3.4** のデータを重回帰分析すると，**表 3.5** が得られる．$F_0$ 値(観測された分散比)は 51.28 で，$F$ 分布の 5% 点 3.354 より大きいから，得られた回帰式は統計的に意味のある式である．$F_0$ 値は，**表 3.3** の 33.24 よりさらに大きくなり，かつ，残差も若干小さくなっている．$x_2$ を説明変数から

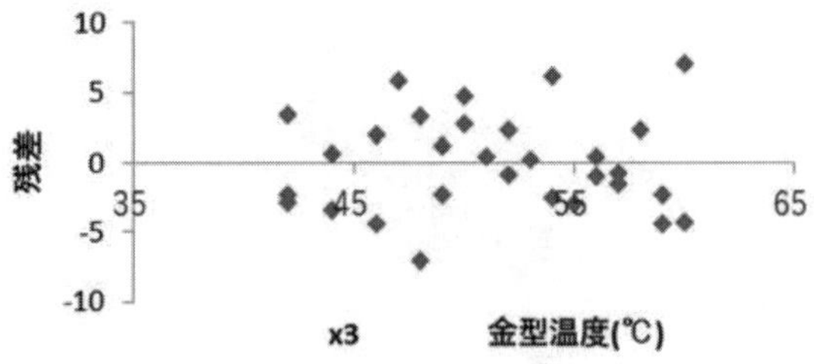


図 3.6　金型温度に関する残差グラフ

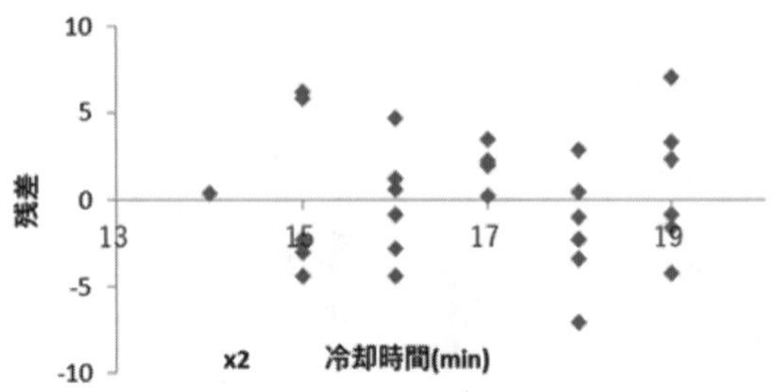


図 3.7　冷却時間に関する残差グラフ

外したことは，功を奏したようだ．また，$x_1$，$x_3$の偏回帰係数は，いずれも$t_0$値が$t$分布の5%点2.052より大きいので，統計的に意味があるといえる．$x_1$，$x_3$間の相関係数は小さいが0ではないので，対応する偏回帰係数は，**表3.3**と若干異なっていることに注意しよう．

これが[例題3.1]の解析目的①，②への回答である．

**(手順6)**　目標の反りを得るための（$x_1$，$x_3$)の組を求める．反りの目標は0(mm)である．単回帰のときと同様にシミュレーションする．**表3.5**の最下段の表の外側に，データ欄とシミュレーション欄を作り，シミュレーション欄のセルに，切片と2つの偏回帰係数と対応するデータ欄の値をかける数式を書き込み，その最下段に合計欄を作る．切片には常に1を，傾きには（$x_1$，$x_3$）の値を適当に入れて，合計欄が0になるように試行錯誤する．$x_1=37.8$，$x_3=54.0$とすれば$y$はかなり0に近くなる．その例を**表3.6**に示す．これが

表 3.4 説明変数を 2 つにした場合のデータ表(一部省略)

| No. | $x_1$ プラスチックの射出速度(g/s) | $x_3$ 金型温度(℃) | $y$ 反り(mm) |
|---|---|---|---|
| 1 | 31 | 51 | -13.1 |
| 2 | 33 | 49 | -11.2 |
| 3 | 34 | 46 | -18.7 |
| 4 | 39 | 42 | -14.3 |
| 5 | 35 | 60 | -1.3 |
| ⋮ | ⋮ | ⋮ | ⋮ |
| 29 | 39 | 57 | 4.0 |
| 30 | 30 | 42 | -26.2 |

表 3.5 表 3.4 を重回帰分析した結果(2 変数)

| 回帰統計 | |
|---|---|
| 重相関 $R$ | 0.8897 |
| 重決定 $R^2$ | 0.7916 |
| 補正 $R^2$ | 0.7762 |
| 標準誤差 | 3.6428 |
| 観測数 | 30 |

| |
|---|
| $F(2,27;0.05)=3.354$ |
| $t(27,0.05)=2.052$ |

分散分析表

| | 自由度 | 変動 | 分散 | 観測された分散比 | 有意 $F$ |
|---|---|---|---|---|---|
| 回帰 | 2 | 1360.89 | 680.44 | 51.28 | 0.00 |
| 残差 | 27 | 358.28 | 13.27 | | |
| 合計 | 29 | 1719.17 | | | |

| | 係数 | 標準誤差 | $t$ | $P$-値 | 下限 95% | 上限 95% |
|---|---|---|---|---|---|---|
| 切片 | -112.246 | 11.077 | -10.134 | 0.000 | -134.973 | -89.519 |
| $x_1$：射出速度(g/s) | 1.411 | 0.238 | 5.920 | 0.000 | 0.922 | 1.901 |
| $x_3$：金型温度(℃) | 1.090 | 0.121 | 9.032 | 0.000 | 0.843 | 1.338 |

表3.6 目標の反りを得るための $x_1$, $x_3$の組

| | 回帰母数 | 標準誤差 | $t_0$ | 下限95% | 上限95% | データ欄 | シミュレーション欄 |
|---|---|---|---|---|---|---|---|
| 切片 | -112.246 | 11.077 | -10.134 | -134.973 | -89.519 | 1 | -112.246 |
| $x_1$：プラスチックの射出速度(g/s) | 1.411 | 0.238 | 5.920 | 0.922 | 1.901 | 37.8 | 53.351 |
| $x_3$：金型温度(℃) | 1.090 | 0.121 | 9.032 | 0.843 | 1.338 | 54.0 | 58.887 |
| | | | | | | 合計 | -0.009 |

[例題3.1]の解析目的③への回答である.

**(手順7)** **表3.6**で，可能な ($x_1$, $x_3$)の組は1つではないので，製造条件の制御のしやすさ，製造コスト，その他の問題の発生のないことなどを加味して，さまざまな条件をシミュレーションして選ぶとよい.

**表3.5**から残差の分散は13.27(標準偏差では3.64)なので，この条件で将来実現するであろう反りの値はこの程度のばらつきをもつことに注意する．ちなみに，3シグマ則を単純に当てはめると，確認実験を行ったとき±10.9の範囲で反りがばらつく.

**[例題3.2]**

20店舗を展開するアパレルチェーンの1カ月間の平均売上高のデータ(**表3.7**)を重回帰分析で解析してみよう.

説明変数$x$は，平均電話注文など，全部で10変数ある．キャンペーンはカテゴリーデータであり，「1」はキャンペーンを開催したことを，「0」は開催していないことを意味する.

本例題では，ある店舗の売上高$y$を予測する回帰平面を求める．このとき，解析の主目的は次のとおりである.

① 回帰式は統計的に意味があるか．意味があるなら，売上高に影響を与える説明変数はいくつあるか？

② 各説明変数の売上高への影響の程度はどれくらいあるか？

表 3.7　20 店舗の売上データ

| 変数No.→ | 1 | 2 | 3 | 4 | 5 | 6 | 7 | 8 | 9 | 10 | $y$ |
|---|---|---|---|---|---|---|---|---|---|---|---|
| 店舗№ | 平均電話注文数(件) | 時間当たりの正規社員数(人) | 時間当たりのアルバイト店員数(人) | 実営業時間($h$) | 従業員の延べ接客数(人) | 総店員数(人) | 広告宣伝費(万円／週) | チラシ配布数(百枚／週) | 配達件数(件) | キャンペーンの有無 | 売り上げ高(万円／日) |
| 1 | 32 | 3.15 | 2.88 | 16 | 980 | 20 | 4.7 | 5 | 5.1 | 0 | 91 |
| 2 | 32 | 3.15 | 2.88 | 16 | 980 | 20 | 4.7 | 5 | 5.1 | 1 | 96 |
| 3 | 32 | 3.14 | 2.86 | 14 | 991 | 9 | 4.8 | 5.2 | 5 | 0 | 86 |
| 4 | 32 | 3.14 | 2.86 | 14 | 991 | 9 | 4.8 | 5.2 | 5 | 1 | 95 |
| 5 | 31 | 3.15 | 2.85 | 15 | 984 | 11 | 4.7 | 5 | 5.1 | 0 | 86 |
| 6 | 31 | 3.15 | 2.85 | 15 | 984 | 11 | 4.7 | 5 | 5.1 | 1 | 96 |
| 7 | 32 | 3.14 | 2.88 | 12 | 978 | 15.5 | 4.4 | 4.7 | 5.1 | 0 | 88 |
| 8 | 32 | 3.14 | 2.88 | 12 | 978 | 15.5 | 4.4 | 4.7 | 5.1 | 1 | 98 |
| 9 | 31 | 3.13 | 2.90 | 12 | 989 | 11 | 4.8 | 4.9 | 5.2 | 0 | 91 |
| 10 | 31 | 3.13 | 2.90 | 12 | 989 | 11 | 4.8 | 4.9 | 5.2 | 1 | 95 |
| 11 | 32 | 3.08 | 2.82 | 15 | 910 | 16 | 5 | 5.2 | 5.2 | 0 | 83 |
| 12 | 32 | 3.08 | 2.82 | 15 | 910 | 16 | 5 | 5.2 | 5.2 | 1 | 90 |
| 13 | 32 | 3.08 | 2.81 | 11 | 910 | 16.5 | 4.8 | 5.3 | 5.2 | 0 | 81 |
| 14 | 32 | 3.08 | 2.81 | 11 | 910 | 16.5 | 4.8 | 5.3 | 5.2 | 1 | 95 |
| 15 | 31 | 3.08 | 2.84 | 13 | 911 | 17 | 4.9 | 5.2 | 5.2 | 0 | 83 |
| 16 | 31 | 3.08 | 2.84 | 13 | 911 | 17 | 4.9 | 5.2 | 5.2 | 1 | 93 |
| 17 | 31 | 3.05 | 2.80 | 13 | 909 | 16.5 | 3.2 | 3.5 | 5.2 | 0 | 80 |
| 18 | 31 | 3.05 | 2.80 | 13 | 909 | 16.5 | 3.2 | 3.5 | 5.2 | 1 | 90 |
| 19 | 32 | 3.08 | 2.79 | 12 | 912 | 16 | 5.2 | 5.4 | 5.2 | 0 | 85 |
| 20 | 32 | 3.08 | 2.79 | 12 | 912 | 16 | 5.2 | 5.4 | 5.2 | 1 | 96 |

③　各説明変数の値をいくつにすれば，目標の売上高(当面は 97 万円/日，将来的には 120 万円/日)を達成できるか？

### ■解析

(手順 1)　**図 3.8** のように，**表 3.7** のデータを Excel の分析ツールで相関分析する.

(手順 2)　多重共線性とは，**10.4 節**に示すように，説明変数間に ± 1 の相関があるとき，もしくは，それに近い相関があるときに生じる厄介な問題である[2]．具体的には，以下①，②のような不具合が生じる.

①　計算不能になる

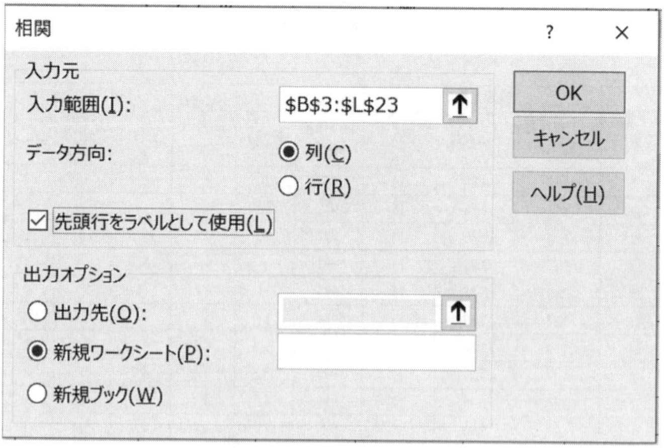

**図 3.8　相関分析の入力**

例えば，相関係数が，＋1または－1になると，情報行列の行列式の値が0になり，逆行列が計算できず，計算は破綻する（詳細は**付録C**を参照されたい）.

②　偏回帰係数の符号が単相関係数の符号と合わない

例えば，売上高に及ぼす来客数の影響として，固有技術的に偏回帰係数の符号が正となるはずなのに，負になるケースなどが生じる.

上記①か②が生じると，回帰式が求められないか，仮に回帰式が求まったとしても解釈が困難で，実務で使えない回帰式となる.

**表3.8**に相関分析の結果を示す．多重共線性，もしくは，それに近い状態が起きている可能性があるのは表中に網掛けで示したところ，すなわち，「時間当たりの正規社員数」「時間当たりアルバイト店員数」「従業員の延べ接客数」のグループAと，「広告宣伝費」「チラシ配布数」のグループBの2つである.

**（手順3）**　変数選択の方法には，総当たり法，逐次変数選択法，対話型変数選択法などがある[1]．Excelを使った変数選択の方法は参考文献[2]に詳しい.

時間に余裕があれば，総当たり方式が望ましいが，実務では説明変数の数

**表 3.8　表 3.7 を相関分析した結果**

| | 平均電話注文数(件) | 時間当たりの正規社員数(人) | 時間当たりのアルバイト店員数(人) | 実営業時間(h) | 従業員の延べ接客数(人) | 総店員数(人) | 広告宣伝費(万円／週) | チラシ配布数(百枚／週) | 配達件数(件) | キャンペーンの有無 | 売り上げ高(万円／日) |
|---|---|---|---|---|---|---|---|---|---|---|---|
| 平均電話注文数(件) | 1 | | | | | | | | | | |
| 時間当たりの正規社員数(人) | 0.1267 | 1 | | | | | | | | | |
| 時間当たりのアルバイト店員数(人) | -0.1035 | 0.8311 | 1 | | | | | | | | |
| 実営業時間(h) | 0.0263 | 0.3926 | 0.2195 | 1 | | | | | | | |
| 従業員の延べ接客数(人) | -0.0187 | 0.9509 | 0.8664 | 0.3081 | 1 | | | | | | |
| 総店員数(人) | 0.2474 | -0.4060 | -0.3068 | 0.0591 | -0.5479 | 1 | | | | | |
| 広告宣伝費(万円／週) | 0.3910 | 0.2811 | 0.1268 | 0.0432 | 0.0876 | -0.1265 | 1 | | | | |
| チラシ配布数(百枚／週) | 0.4570 | 0.2767 | 0.0804 | 0.0224 | 0.0667 | -0.1104 | 0.9799 | 1 | | | |
| 配達件数(件) | -0.3043 | -0.7571 | -0.4828 | -0.4321 | -0.7499 | 0.4517 | -0.0428 | -0.1151 | 1 | | |
| キャンペーンの有無 | 0 | 0 | 0 | 0 | 0 | 0 | 0 | 0 | 0 | 1 | |
| 売り上げ高(万円／日) | 0.0971 | 0.4402 | 0.3956 | 0.0448 | 0.4142 | -0.1003 | 0.1927 | 0.1709 | -0.2454 | 0.8231 | 1 |

が増えると場合の数が多くなり，結構厄介になって採用が困難であろう．かといって，パソコン任せにしてしまうと，途中経過がよくわからない点，ならびに，変数選択を行うに際して固有技術を反映しづらい点が難点となる．そこで，本章では，簡便で実務的な変数選択の方法を解説する．

**(手順 3-1)**　最初は，**表 3.7** のデータを**図 3.9** のように分析ツールの回帰分析を選択して入力する．

説明変数としての妥当性はさておき，まずは，10 個の説明変数のすべてをセットする．解析結果を**表 3.9** に示すが，内容は**第 2 章**の単回帰分析の**表 2.3**，**表 2.4** と項目はほとんど同じなので，異なる点を以下に解説する．

ここで，**第 2 章**で述べなかった偏回帰係数の「偏」の意味について述べておく．偏回帰係数は，「他の説明変数の値が一定の場合，当該説明変数が単位量変化したときに目的変数がいくら変化するか」という意味をもつ．よっ

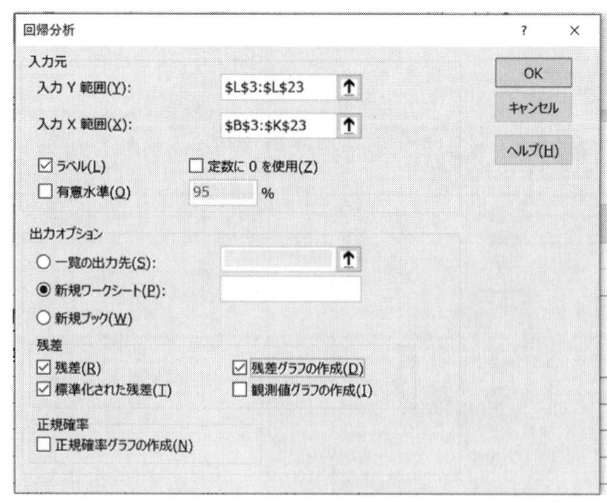


**図 3.9　分析ツール，回帰分析のパラメータのセット**

て，説明変数が互いに独立である場合は問題ない(「独立」については，**付録C** を参照されたい)．しかし，通常，説明変数間には多少の相関があるので，当該説明変数を変化させると，相関のある他の説明変数も変化するから，上記アンダーラインの仮定は保持されない．なお，単回帰分析の場合は，説明変数が1つなので，「偏」に特段の意味はない．

**表 3.9** で，分散分析表の$F_0$値(観測された分散比)12.90 は，$F$分布の 5% 点 $F(10,\ 9\ ;\ 0.05) = 3.137$ より大きいので，この式は統計的に意味のある式である．残差の標準偏差も約2で大きいとはいえず，実務に使えそうなレベルにある．

しかし，グループ A の「時間当たりアルバイト店員数」，グループ B の「チラシ配布数」の偏回帰係数は，それぞれ，－33.206，－6.0788 で，**表 3.8** の売上高との相関係数が，それぞれ，0.3956，0.1709 であるので符号が異なっている．また，それぞれの偏回帰係数から判断すると，「時間当たりアルバイト店員数」「チラシ配布数」とも，少ないほうが売上が上がることになり，固有技術からの解釈は困難である．以上のことから，多重共線性を疑う必要がある．

表 3.9　表 3.7 を回帰分析した結果(全 10 変数)

| 回帰統計 | |
|---|---|
| 重相関 $R$ | 0.96683 |
| 重決定 $R^2$ | 0.93476 |
| 補正 $R^2$ | 0.86227 |
| 標準誤差 | 2.08167 |
| 観測数 | 20 |

| $F(10,\ 9;0.05)$ |
|---|
| 3.137 |

分散分析表

| | 自由度 | 変動 | 分散 | 観測された分散比 | 有意 $F$ |
|---|---|---|---|---|---|
| 回帰 | 10 | 558.80 | 55.88 | 12.90 | 0.00 |
| 残差 | 9 | 39.00 | 4.33 | | |
| 合計 | 19 | 597.80 | | | |

| | 係数 | 標準誤差 | $t$ | $P$-値 | 下限 95% | 上限 95% |
|---|---|---|---|---|---|---|
| 切片 | 111.7578 | 303.6590 | 0.3680 | 0.7214 | -575.1667 | 798.6822 |
| 平均電話注文数(件) | -0.7121 | 1.6443 | -0.4331 | 0.6752 | -4.4317 | 3.0075 |
| 時間当たりの正規社員数(人) | 3.1172 | 102.9977 | 0.0303 | 0.9765 | -229.8797 | 236.1142 |
| 時間当たりのアルバイト店員数(人) | -33.2106 | 37.3345 | -0.8895 | 0.3969 | -117.6670 | 51.2458 |
| 実営業時間(h) | -0.7815 | 0.4697 | -1.6639 | 0.1305 | -1.8441 | 0.2810 |
| 従業員の延べ接客数(人) | 0.1113 | 0.1222 | 0.9109 | 0.3861 | -0.1651 | 0.3877 |
| 総店員数(人) | 0.6039 | 0.3663 | 1.6485 | 0.1336 | -0.2248 | 1.4326 |
| 広告宣伝費(万円／週) | 8.2614 | 7.3855 | 1.1186 | 0.2923 | -8.4457 | 24.9685 |
| チラシ配布数(百枚／週) | -6.0788 | 7.8646 | -0.7729 | 0.4594 | -23.8698 | 11.7122 |
| 配達件数(件) | -6.1221 | 22.0061 | -0.2782 | 0.7871 | -55.9032 | 43.6591 |
| キャンペーンの有無 | 9.0000 | 0.9309 | 9.6676 | 0.0000 | 6.8940 | 11.1060 |

用語の解釈は，［例題2.1］の(手順4)と同様であるが，そこで解説していない自由度調整済み重寄与率について説明する．ある説明変数が目的変数に影響しているか否かに関わらず，たとえ，影響していない場合であっても，その説明変数を取り上げて説明変数の数を増やせば増やすほど，重寄与率は高くなっていく．しかし，これは本質的でない．この不具合を避けるため，説明変数の個数とサンプル数で調整したのが自由度調整済み重寄与率である．詳細は，参考文献[2]を参照されたい．

**(手順3-2)** 多重共線性が疑われるグループごとに，目的変数と相関係数の絶対値が一番大きい説明変数を残し，その他の説明変数は外す．グループAの「時間当たりのアルバイト店員数」「従業員の延べ接客数」と，グループBの「チラシ配布数」の3変数を**表3.7**から外す．すると，説明変数は10個から7個となり．そのときのデータは**表3.10**になる．

**表3.10**をもとに7説明変数で解析した結果を**表3.11**に示す．**表3.11**で，分散分析表の$F_0$値(観測された分散比)18.08は，$F$分布の5%点$F(7, 12; 0.05) = 2.913$より大きいので，この式も統計的に意味のある式である．残差の標準偏差も約2で**表3.9**と大差なく，実務に使えそうなレベルに維持されている．

**表3.10　表3.7から3変数を削除した売上データ(一部省略)**

| 変数No.→ | 1 | 2 | 3 | 4 | 5 | 6 | 7 | $y$ |
|---|---|---|---|---|---|---|---|---|
| 店舗No. | 平均電話注文数(件) | 時間当たりの正規社員数(人) | 実営業時間($h$) | 総店員数(人) | 広告宣伝費(万円／週) | 配達件数(件) | キャンペーンの有無 | 売り上げ高(万円／日) |
| 1 | 32 | 3.15 | 16 | 20 | 4.7 | 5.1 | 0 | 91 |
| 2 | 32 | 3.15 | 16 | 20 | 4.7 | 5.1 | 1 | 96 |
| 3 | 32 | 3.14 | 14 | 9 | 4.8 | 5 | 0 | 86 |
| 4 | 32 | 3.14 | 14 | 9 | 4.8 | 5 | 1 | 95 |
| 5 | 31 | 3.15 | 15 | 11 | 4.7 | 5.1 | 0 | 86 |
| 18 | 31 | 3.05 | 13 | 16.5 | 3.2 | 5.2 | 1 | 90 |
| 19 | 32 | 3.08 | 12 | 16 | 5.2 | 5.2 | 0 | 85 |
| 20 | 32 | 3.08 | 12 | 16 | 5.2 | 5.2 | 1 | 96 |

**表 3.11　表 3.10 を解析した結果(全 7 変数)**

| 回帰統計 | |
|---|---|
| 重相関 $R$ | 0.9557 |
| 重決定 $R^2$ | 0.9134 |
| 補正 $R^2$ | 0.8629 |
| 標準誤差 | 2.0772 |
| 観測数 | 20 |

| $F(7,\ 12;0.05)$ |
|---|
| 2.913 |

| $t(12,\ 0.05)$ | $t(12,\ 0.25)$ |
|---|---|
| 2.179 | 1.209 |

**分散分析表**

| | 自由度 | 変動 | 分散 | 観測された分散比 | 有意 $F$ |
|---|---|---|---|---|---|
| 回帰 | 7 | 546.02 | 78.00 | 18.08 | 0.00 |
| 残差 | 12 | 51.78 | 4.31 | | |
| 合計 | 19 | 597.8 | | | |

| | 係数 | 標準誤差 | $t$ | $P$-値 | 下限 95% | 上限 95% |
|---|---|---|---|---|---|---|
| 切片 | -255.946 | 176.055 | -1.454 | 0.172 | -639.536 | 127.644 |
| 平均電話注文数(件) | 0.123 | 1.539 | 0.080 | 0.938 | -3.230 | 3.476 |
| 時間当たりの正規社員数(人) | 95.150 | 23.784 | 4.001 | 0.002 | 43.330 | 146.971 |
| 実営業時間(h) | -0.565 | 0.384 | -1.472 | 0.167 | -1.402 | 0.271 |
| 総店員数(人) | 0.194 | 0.226 | 0.858 | 0.408 | -0.299 | 0.688 |
| 広告宣伝費(万円／週) | 0.429 | 1.260 | 0.340 | 0.739 | -2.317 | 3.175 |
| 配達件数(件) | 8.616 | 16.535 | 0.521 | 0.612 | -27.409 | 44.642 |
| キャンペーンの有無 | 9.000 | 0.929 | 9.688 | 0.000 | 6.976 | 11.024 |

**(手順 4)**　多重共線性の問題はクリアできたので，次は，$t_0$値をもとに説明変数をさらに絞り込むことにする．$t_0$値は，偏回帰係数がゼロであるとの帰無仮説の検定統計量である[2]．したがって，$t_0$値が $t$ 分布の 5%点 $t(12,\ 0.05) = 2.179$ より小さいとき，「偏回帰係数がゼロである」との帰無仮説は棄却

**表 3.12 説明変数の絞り込み(全3変数)**

| 回帰統計 | |
|---|---|
| 重相関 $R$ | 0.9438 |
| 重決定 $R^2$ | 0.8907 |
| 補正 $R^2$ | 0.8702 |
| 標準誤差 | 2.0209 |
| 観測数 | 20.000 |

| $F(3,\ 16\ ;\ 0.05)$ |
|---|
| 3.239 |

| $t(16,\ 0.05)$ | $t(16,\ 0.25)$ |
|---|---|
| 2.120 | 1.194 |

**分散分析表**

| | 自由度 | 変動 | 分散 | 観測された分散比 | 有意 $F$ |
|---|---|---|---|---|---|
| 回帰 | 3 | 532.45 | 177.48 | 43.46 | 0.00 |
| 残差 | 16 | 65.35 | 4.08 | | |
| 合計 | 19 | 597.80 | | | |

| | 係数 | 標準誤差 | $t$ | $P$-値 | 下限 95% | 上限 95% |
|---|---|---|---|---|---|---|
| 切片 | -147.084 | 41.623 | -3.534 | 0.003 | -235.320 | -58.848 |
| 時間当たりの正規社員数(人) | 77.084 | 13.864 | 5.560 | 0.000 | 47.693 | 106.474 |
| 実営業時間(h) | -0.533 | 0.317 | -1.685 | 0.111 | -1.204 | 0.138 |
| キャンペーンの有無 | 9.000 | 0.904 | 9.958 | 0.000 | 7.084 | 10.916 |

できない．しかし，5%有意でないからといって，即，効果がないとするのは実務的ではない．このとき，経験的に慣用されている方法は，25%でも有意でない説明変数は効果がないとする方法である．この方法で**表 3.11** を見ると，網掛けした3変数を取り上げるのが適切と考えられる．これら3説明変数で回帰分析した結果を**表 3.12** に示す．

**表 3.12** で，分散分析表の$F_0$値 43.46 は，$F$ 分布の 5%点 $F(3,\ 16\ ;\ 0.05) = 3.239$ より大きいので，この式は統計的に意味のある式である．残差の標準偏差も約2で問題なく，実務に使えそうなレベルに維持されている．これ

が[例題 3.2]の解析目的①への回答である．

説明変数の数がそれぞれ 10，7 である**表 3.9**，**表 3.11** と比べると，$F_0$値(観測された分散比)は大きく，誤差の標準偏差もわずかではあるが小さくなる．また，$t_0$値からも 3 つの説明変数は取り上げるに値する．

しかし，「実営業時間」の偏回帰係数は，− 0.533 と負であり，**表 3.8** の売上高との相関係数が絶対値は小さいが 0.0448 と正であるので符号が異なっている．よって，「実営業時間」については今一度検討し直すべきと思われる．例えば，「実営業時間と曜日との関連はどうか」「コアタイムの実態はどうなっているか」「アイドルタイムはないか」「実営業時間が長いほど現場の疲労度が増してないか」などといった観点から深く考察するとよい．

以上の結果より式(3.5)の回帰式が求まった．これが[例題 3.2]の解析目的②への回答である．

$$\text{売上高}(y) = -147.1 + 77.08 \times \text{時間当たり正規社員数} - 0.533 \times \text{実営業時間} + 9 \times \text{キャンペーンの有無} \tag{3.5}$$

ここで，「キャンペーンの有無」の偏回帰係数(= 9)は，**表 3.9**，**表 3.11**，**表 3.12** にあるように，モデルが変わっても変化していないことに注目してほしい．他の偏回帰係数は各表ごとに少し変化している．**表 3.8** の相関係数で，「キャンペーンの有無」のみ他の変数との相関がない，すなわち，独立であることによる[1)]．説明変数としては，他の説明変数と相関のないものを選定すべきということがわかる．

**(手順 5)**　残差グラフは**図 3.10**〜**図 3.12** のようになっている．いずれのグラフからも，残差に特段のクセを読み取ることはできない．

**(手順 6)**　**表 3.13** のように，シミュレーション表を作成し，各偏回帰係数と説明変数の積和を「売上高の予測値」欄に計算する．このとき，偏回帰係数だけでなく，切片を忘れずにセットする．「説明変数の値が外挿になっているかどうか」にも留意して入力する．

---

1)　もちろん，目的変数との相関が 0 では取り上げる意味がない．

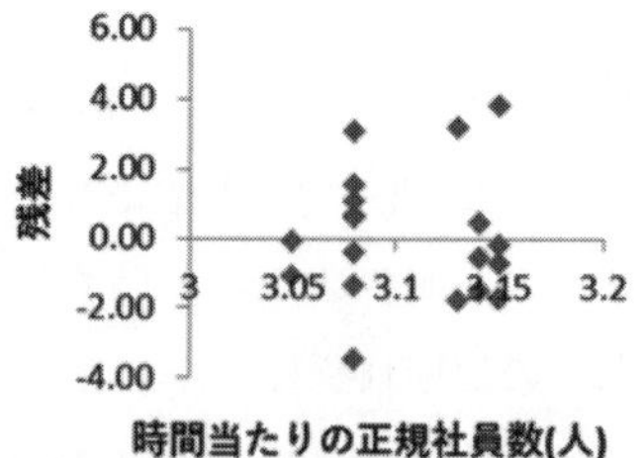


図 3.10 「時間当たり正規社員数」の残差グラフ

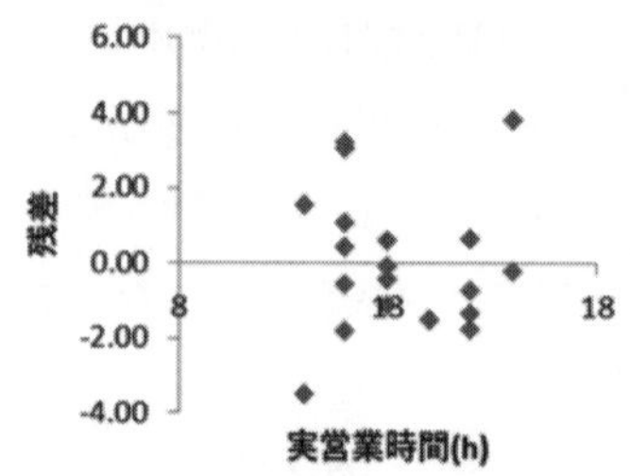


図 3.11 「実営業時間」の残差グラフ

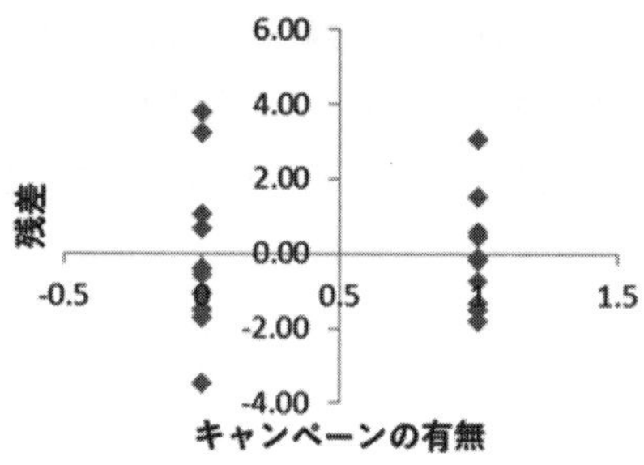


図 3.12 「キャンペーンの有無」の残差グラフ

売上高の当面目標が 97 万円/日なので，表 **3.13** のように，説明変数の値を「時間当たり正規社員数」を 3.15，「実営業時間」を平均の 13.3，「キャンペーンの有無」を 1(すなわち，開催する)とすると，「売上高の予測値」は 97.64 となって目標を達成できそうである．ただし，説明変数の組は一意的ではなく，いくつも考えられるので，コストや実現性などを考え，柔軟に対応するとよい．これが[例題 3.2]の解析目的③への回答である．

表 3.13　シミュレーションによる目標達成との関係

| 時間当たりの正規社員数(人) | 実営業時間(h) | キャンペーンの有無 | 売上高の予測値 | 備考 |
|---|---|---|---|---|
| 3.15 | 16 | 0 | 87.20 | データ№1 |
| 3.14 | 14 | 1 | 96.49 | データ№4 |
| 3.15 | 13.3 | 1 | 97.64 | 目標達成○ |
| 3.1 | 13.3 | 1 | 93.78 | 目標未達× |
| 3.1 | 12 | 1 | 94.48 | 目標未達× |
| 3.49 | 13.3 | 1 | 123.85 | 将来目標? |

**(手順 7)**　これまでの解析結果から，以下の(1)〜(4)がわかる.

### (1)　回帰式

統計的に意味のある 3 説明変数の回帰式が求まった．また，実務にも適用できそうである.

### (2)　説明変数間の多重共線性

**表 3.8** の相関係数から，多重共線性のおそれのある説明変数のグループが 2 つあり，回帰式の信頼性を損なう可能性があった．各説明変数は，互いに独立している，すなわち，相関係数は低いことが望ましい(この詳細な解説は，**付録 C** を参照されたい).

[例題 3.2]では，「時間当たりの正規社員数」「時間当たりのアルバイト店員数」「従業員の延べ接客数」のグループ A と，「広告宣伝費」「チラシ配布数」のグループ B に多重共線性が疑われた．その結果，各説明変数は，グループ内で本質的に似たような内容を，別の角度から調査していることが考えられた．例えば，「広告宣伝費のなかに，チラシの配布数が含まれていないか」などが懸念される．実際の調査においてデータを取得する際，このようなことをでき

るだけ避けるよう工夫する必要がある.

### (3) 回帰式は唯一無二ではない

[例題3.2]でも3通りの式(モデル)を検討した. 最終的には, 3変数のモデルを採用したが,「どのモデルが一番いいか」という議論は, ある意味ナンセンスである. どれもが統計的に意味のある式であり, どれを選ぶかは解析担当者がどのモデル(回帰式)を採用するかにかかっている.

表3.14　JUSE-StatWorks /V5 での解析結果の1例

分散分析表

変数選択　確定ﾓﾃﾞﾙ　残差の分布　残差の連関　予測

確定ﾓﾃﾞﾙ　回帰係数　ｶﾃｺﾞﾘｽｺｱ　ｽｺｱｸﾞﾗﾌ　予測判定ｸﾞﾗﾌ　分散分析表

| 目的変数名 | 重相関係数 | 寄与率R^2 | R*^2 | R**^2 | 残差自由度 | 残差標準偏差 |
|---|---|---|---|---|---|---|
| 売り上げ高(ﾌ | 0.952 | 0.907 | 0.882 | 0.859 | 15 | 1.929 |
| | | | | | | |
| 要因 | 平方和 | 自由度 | 分散 | 分散比 | 検定 | P値（上側） |
| 回帰 | 541.995 | 4 | 135.499 | 36.4214 | ** | 0.000 |
| 残差 | 55.805 | 15 | 3.720 | | | |
| 計 | 597.800 | 19 | | | | |

変数選択

変数選択　確定ﾓﾃﾞﾙ　残差の分布　残差の連関　予測

変数選択　選択履歴　SE変化ｸﾞﾗﾌ　偏回帰ﾌﾟﾛｯﾄ一覧　偏回帰ﾌﾟﾛｯﾄ　偏回帰残差一覧

| | 目的変数名 | 重相関係数 | 寄与率R^2 | R*^2 | R**^2 | |
|---|---|---|---|---|---|---|
| | 売り上げ高(ﾌ | 0.952 | 0.907 | 0.882 | 0.859 | |
| | | 残差自由度 | 残差標準偏差 | | | |
| | | 15 | 1.929 | | | |
| vNo | 説明変数名 | 分散比 | P値（上側） | 偏回帰係数 | 標準偏回帰 | トレランス |
| 0 | 定数項 | 16.0593 | 0.001 | -183.799 | | |
| 2 | 平均電話注文 | 0.0061 | 0.939 | - | | |
| 3 | 時間当たりの | 34.7915 | 0.000 | 88.292 | 0.572 | 0.661 |
| 4 | 時間当たりの | 0.0137 | 0.908 | + | | |
| 5 | 実営業時間(h | 4.4976 | 0.051 | -0.663 | -0.188 | 0.789 |
| 6 | 従業員の延べ | 0.0997 | 0.757 | + | | |
| 7 | 総店員数(人) | 2.5651 | 0.130 | 0.243 | 0.143 | 0.779 |
| 8 | 広告宣伝費(ﾌ | 0.5755 | 0.461 | + | | |
| 9 | チラシ配布数 | 0.1760 | 0.681 | + | | |
| 10 | 配達件数(件) | 0.7609 | 0.398 | + | | |
| 11 | キャンペーン | 108.8619 | 0.000 | 9.000 | 0.823 | 1.000 |

ちなみに，日本科学技術研修所の統計解析業務パッケージ「JUSE-Stat Works /V5」を用い，変数選択を変数増減法で解析した結果を**表3.14**に示す．**表3.14**では，本章での解析結果とは異なり，説明変数は4つある．これは，取り込む変数と外す変数をある基準のもとで自動的に変数選択したためだと考えられる．上記したように，どのモデル(回帰式)を採用するかは解析担当者の判断によるので，現場の実態との比較や，固有技術からの吟味・考察が大切である．必ずしも，自動変数選択が良いとは限らない．

### (4) 目的変数の目標

売上高の将来目標は120万円/日にすることであった．**表3.7**のデータからは売上高120万円/日を達成した店舗は一つもない．そこで，**表3.13**のシミュレーションで，外挿にはなるが「時間当たりの正規社員数」を3.49,「実営業時間」を平均の13.3,「キャンペーンの有無」を1にすれば，売上高は120万円/日を超える．しかし，実務の場では「時間当たりの正規社員数」を増やすことが可能か否か」を考えなければならない．予測値だと売上高120万円/日を達成できるが，真に実現できるかどうかはわからない．あくまでも予測だと認識するのがよい．

**(自由演習3.1)**

特殊成形品の複屈折の位相差に対するポリマーAの割合と射出圧の影響を検討するため，過去のデータを**表3.15**のように集めてみた(単位省略)．重回帰分析してみよ．射出圧は成形機の目盛りの数値で標準が0である．

**表3.15 ポリマーAの割合と射出圧の影響検討用データ**

| データNo. | ポリマーAの割合 $x_1$ | 射出圧 $x_2$ | 複屈折位相差 $y$ |
|---|---|---|---|
| 1 | 70 | -1 | 114 |

表3.15　つづき

| データ No. | ポリマーAの割合 $x_1$ | 射出圧 $x_2$ | 複屈折位相差 $y$ |
|---|---|---|---|
| 2 | 70 | 2 | 135 |
| 3 | 70 | 2 | 136 |
| 4 | 75 | -1 | 66 |
| 5 | 75 | 0 | 67 |
| 6 | 75 | 0 | 78 |
| 7 | 75 | 1 | 91 |
| 8 | 80 | 0 | 25 |
| 9 | 80 | 1 | 30 |
| 10 | 80 | 1 | 41 |
| 11 | 80 | 2 | 60 |
| 12 | 80 | 2 | 55 |
| 13 | 80 | 3 | 78 |
| 14 | 80 | 3 | 69 |
| 15 | 90 | -1 | -101 |
| 16 | 90 | 1 | -71 |
| 17 | 90 | 1 | -53 |
| 18 | 90 | 2 | -40 |

## 3.4　おわりに

重回帰分析についてExcelの分析ツールで計算できる範囲で解説した．重回帰分析は，既存のデータにも，新たに得た実験データにも使える汎用的な手法である．多重共線性の問題，変数選択の問題をうまく解決しながら実務に活かしてほしい．

# 第4章
# 数量化理論Ⅰ類

基本的な目的や考え方は重回帰分析と同じであるが，説明変数が量的データではなく，質的データの場合に用いる方法である．ただし，目的変数は量的変数である[1][2]．

## 4.1　適用場面と活用の仕方

**第3章**の重回帰分析では，式(4.1)の一般線形モデルを用い，最小2乗法を適用して式(4.2)で表される残差2乗和 $Q$ を最小にする $\beta_j$ $(j=0,\ 1,\ 2,\ \cdots,\ p)$ の推定値を求める方法を示した．また，**第3章**では，説明変数 $x$ は量的データ(間隔尺度，比尺度)を想定していた[1]．しかし，$x$ が質的データ(名義尺度，順序尺度)であることも多く，こういった場合にも重回帰分析が適用できるよう，ここでは数量化理論Ⅰ類について述べる．

$$y_i=x_{0i}\beta_0+x_{1i}\beta_1+\cdots+x_{pi}\beta_p+e_i \quad (i=1,\ 2,\ \cdots,\ n) \tag{4.1}$$

$$Q=\sum_{i=1}^{n} e_i^2=\sum_{i=1}^{n} \{y_i-(x_{0i}\beta_0+x_{1i}\beta_1+\cdots+x_{pi}\beta_p)\}^2 \tag{4.2}$$

## 4.2　数量化理論Ⅰ類とは

例えば，ある化学反応において，因子 $A$ として3種の触媒を検討する場合を考える．$A$ の水準値($A_1$，$A_2$，$A_3$)は質的データ(名義尺度)であり，これらを，$x_1$，$x_2$，$x_3$ を用いて**表4.1**のように数量化して重回帰分析する方法を数量化理論Ⅰ類と呼ぶ．

---

1)　**表3.7**でのキャンペーンの有無は，(0,1)データであり，数量化理論Ⅰ類とみることができる．

**表 4.1 数量化の方法**

| | $x_1$ | $x_2$ | $x_3$ |
|---|---|---|---|
| $A_1$のとき | 1 | 0 | 0 |
| $A_2$のとき | 0 | 1 | 0 |
| $A_3$のとき | 0 | 0 | 1 |

ただし，$x_1$，$x_2$，$x_3$は自由な値をとれるわけではなく，0か1のどちらかの値しかとれない．因子$A$は3水準なので自由度は2であるから，$x_1$，$x_2$，$x_3$の間には，$x_1+x_2+x_3=1$という制約(式)もある．すなわち，$x_2$，$x_3$の一方が1で，他方が0であれば，$x_1=0$，$x_2$，$x_3$の双方が0であれば，$x_1=1$が必然となる．

よって，重回帰分析に当たっては，自由度からの制約により，$x_1$，$x_2$，$x_3$のうち，例えば，$x_1$を除いた残りの$x_2$，$x_3$を説明変数として用いる必要がある．その結果，$A_1$のときは，$x_2=0$，$x_3=0$，$A_2$のときは$x_2=1$，$x_3=0$，$A_3$のときは$x_2=0$，$x_3=1$となる．$x_1$，$x_2$，$x_3$の3つすべてを使ってしまうと計算は破綻する(**10.4節**を参照)．以上のことに注意すれば，**第3章**の重回帰分析がそのまま適用できる．

## 4.3 適用例

質的データとしては，触媒種のほか，原材料メーカ，添加剤の種類，製造方式，加工方法，加工担当者，工程(加工)の順序などが例示される．以下に示すアンケートの選択肢の例も参考にするとよい．

**[適用例 1]**

ある家電製品の販売開始後1年目の状況を調査することにした．調査方法は大手量販店20店舗での出口調査(各店100人程度)とし，本製品を購入した顧客に対して実施することにした．アンケート内容の一部は以下のようなものである．これらのデータを用いて，「この製品の購入者にはどのような特徴があるのか」「製品の改良点は何か」などについての知見を得たい.

- 問 1　年齢：① 20 歳未満　② 20 代　③ 30 代　④ 40 代　⑤ 50 代　⑥ 60 歳以上
- 問 2　身長：① 150cm 以下　② 151〜165cm　③ 166〜180cm　④ 181cm 以上
- 問 3　趣味のスポーツ：①野球　②サッカー　③テニス　④卓球　⑤その他
- 問 4　購入動機：①店頭　②新聞・テレビ　③パソコン・スマホ　④その他
- 問 5　価格：①安い　②適当　③高い
- 問 6　機能：①よい　②まあまあ　③少し物足りない

⋮

- 問 36　小遣い/月：① 3 万円以下　② 3〜5 万円　③ 5〜7 万円　④ 7 万円以上

## 4.4　解析の方法

次の例題を考えよう.

**[例題 4.1]**

特別注文のモノフィラメント製品は，最終検査を経て出荷しているが，実用性能に関する特性値がばらついている．特性値のばらつきと関係がありそうな変数を調査した結果，**表 4.2** に示すデータが得られた.

各変数がどのような影響を及ぼしているかを解析してみよう．「原料メーカ」「生産機械」「生産担当者」は質的データであるから数量化理論 I 類を用いる．一方，「生産条件」は量的データであるから特別の処理は不要で，そのまま用いる.

**表 4.2　全体のデータ表(単位省略)**

| | A | B | C | D | E | F | G | H | I | J | K | L | M | N |
|---|---|---|---|---|---|---|---|---|---|---|---|---|---|---|
| 1 | | | | | | | | | | | | | | |
| 2 | | № | 原料メーカ | | | 生産機械 | | 生産担当者 | | | | 生産条件 | | 特性値 |
| 3 | | | A社 $x1$ | B社 $x2$ | C社 $x3$ | 新式 $x4$ | 旧式 $x5$ | Dさん $x6$ | Fさん $x7$ | Gさん $x8$ | Hさん $x9$ | 速度 $x10$ | 温度 $x11$ | $y$ |
| 4 | | 1 | 1 | 0 | 0 | 1 | 0 | 1 | 0 | 0 | 0 | 52 | 241 | -4.7 |
| 5 | | 2 | 1 | 0 | 0 | 1 | 0 | 0 | 1 | 0 | 0 | 49 | 241 | 1.8 |
| 6 | | 3 | 0 | 1 | 0 | 1 | 0 | 0 | 0 | 1 | 0 | 49 | 238 | -0.5 |
| 7 | | 4 | 1 | 0 | 0 | 1 | 0 | 0 | 0 | 0 | 1 | 46 | 242 | 1.1 |
| 8 | | 5 | 0 | 0 | 1 | 0 | 1 | 1 | 0 | 0 | 0 | 53 | 239 | 1.6 |
| 9 | | 6 | 0 | 1 | 0 | 0 | 1 | 0 | 1 | 0 | 0 | 48 | 241 | 2.8 |
| 10 | | 7 | 0 | 1 | 0 | 0 | 1 | 0 | 0 | 1 | 0 | 45 | 241 | 1.0 |
| 11 | | 8 | 0 | 0 | 1 | 0 | 1 | 0 | 0 | 0 | 1 | 52 | 243 | 0.2 |
| 12 | | 9 | 0 | 0 | 1 | 1 | 0 | 1 | 0 | 0 | 0 | 48 | 241 | 1.6 |
| 13 | | 10 | 1 | 0 | 0 | 1 | 0 | 0 | 1 | 0 | 0 | 55 | 239 | 4.3 |
| 14 | | 11 | 1 | 0 | 0 | 1 | 0 | 0 | 0 | 1 | 0 | 47 | 240 | -1.6 |
| 15 | | 12 | 0 | 1 | 0 | 1 | 0 | 0 | 0 | 0 | 1 | 50 | 239 | 1.8 |
| 16 | | 13 | 0 | 1 | 0 | 1 | 0 | 1 | 0 | 0 | 0 | 46 | 239 | -0.4 |
| 17 | | 14 | 0 | 1 | 0 | 0 | 1 | 0 | 1 | 0 | 0 | 48 | 241 | 0.1 |
| 18 | | 15 | 1 | 0 | 0 | 0 | 1 | 0 | 0 | 1 | 0 | 50 | 236 | -3.6 |
| 19 | | 16 | 1 | 0 | 0 | 0 | 1 | 0 | 0 | 0 | 1 | 54 | 237 | -1.8 |
| 20 | | 17 | 0 | 0 | 1 | 0 | 1 | 1 | 0 | 0 | 0 | 52 | 240 | -0.6 |
| 21 | | 18 | 0 | 0 | 1 | 0 | 1 | 0 | 1 | 0 | 0 | 55 | 239 | 0.5 |
| 22 | | 19 | 0 | 0 | 1 | 0 | 1 | 0 | 0 | 1 | 0 | 55 | 239 | -0.5 |
| 23 | | 20 | 0 | 0 | 1 | 1 | 0 | 0 | 0 | 0 | 1 | 47 | 238 | -2.8 |
| 24 | | 平均 | 0.35 | 0.3 | 0.35 | 0.5 | 0.5 | 0.25 | 0.25 | 0.25 | 0.25 | 50.05 | 239.7 | 0.0 |

## ■解析

**(手順 1)**　自由度の関係から，数量化理論Ⅰ類を用いた因子では，各変数の水準のうち，任意の1つは入力しないようにすることが必要である．ここでは，各変数の第1水準，例えば，原料メーカの場合にはA社を説明変数として使用しないことにする．よって，**表 4.2** から解析に用いる変数だけを抜き出し，**表 4.3** を作成する(データを Excel のワークシートに入力する)．

**(手順 2)**　Excel の分析ツールの「回帰分析」を選択する．

**(手順 3)**　**図 4.1** のように入力し「OK」をクリックする．

**(手順 4)**　指定したところに計算結果が表示される(**表 4.4**)．

回帰式は全体として有意で，統計的に意味のある式である．7，8番目の生産条件($x_{10}$，$x_{11}$) は，$t_0$値($t$ 値)の絶対値(3.621，6.988)が $t$ 分布の 5% 点 2.201 より大きいので有意である．3番目の機械($x_5$)，4，5番目の生産担当

表 4.3　解析に用いるデータ表

| | A | B | C | D | E | F | G | H | I | J | K |
|---|---|---|---|---|---|---|---|---|---|---|---|
| 1 | | | | | | | | | | | |
| 2 | | № | 原料メーカ | | 機械 | 生産担当者 | | | 生産条件 | | 特性値 |
| 3 | | | B社 $x2$ | C社 $x3$ | 旧式 $x5$ | Fさん $x7$ | Gさん $x8$ | Hさん $x9$ | 速度 $x10$ | 温度 $x11$ | $y$ |
| 4 | | 1 | 0 | 0 | 0 | 0 | 0 | 0 | 52 | 241 | 13.4 |
| 5 | | 2 | 0 | 0 | 0 | 1 | 0 | 0 | 49 | 241 | 24.0 |
| 6 | | 3 | 1 | 0 | 0 | 0 | 1 | 0 | 49 | 238 | 26.1 |
| 7 | | 4 | 0 | 0 | 0 | 0 | 0 | 1 | 46 | 242 | 22.7 |
| 8 | | 5 | 0 | 1 | 1 | 0 | 0 | 0 | 53 | 239 | 25.8 |
| 9 | | 6 | 1 | 0 | 1 | 1 | 0 | 0 | 48 | 241 | 22.9 |
| 10 | | 7 | 1 | 0 | 1 | 0 | 1 | 0 | 45 | 241 | 21.6 |
| 11 | | 8 | 0 | 1 | 1 | 0 | 0 | 1 | 52 | 243 | 11.8 |
| 12 | | 9 | 0 | 1 | 0 | 0 | 0 | 0 | 48 | 241 | 25.7 |
| 13 | | 10 | 0 | 0 | 0 | 1 | 0 | 0 | 55 | 239 | 26.4 |
| 14 | | 11 | 0 | 0 | 0 | 0 | 1 | 0 | 47 | 240 | 23.0 |
| 15 | | 12 | 1 | 0 | 0 | 0 | 0 | 1 | 50 | 239 | 26.4 |
| 16 | | 13 | 1 | 0 | 0 | 0 | 0 | 0 | 46 | 239 | 29.8 |
| 17 | | 14 | 1 | 0 | 1 | 1 | 0 | 0 | 48 | 241 | 20.3 |
| 18 | | 15 | 0 | 0 | 1 | 0 | 1 | 0 | 50 | 236 | 29.1 |
| 19 | | 16 | 0 | 0 | 1 | 0 | 0 | 1 | 54 | 237 | 25.9 |
| 20 | | 17 | 0 | 1 | 1 | 0 | 0 | 0 | 52 | 240 | 21.6 |
| 21 | | 18 | 0 | 1 | 1 | 1 | 0 | 0 | 55 | 239 | 21.6 |
| 22 | | 19 | 0 | 1 | 1 | 0 | 1 | 0 | 55 | 239 | 18.1 |
| 23 | | 20 | 0 | 1 | 0 | 0 | 0 | 1 | 47 | 238 | 29.8 |
| 24 | | 平均 | 0.3 | 0.35 | 0.5 | 0.25 | 0.25 | 0.25 | 50.05 | 239.7 | 23.3 |

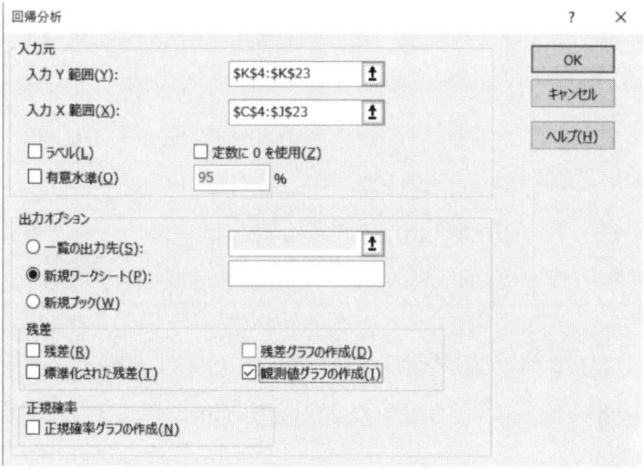

回帰分析　? ×
入力元
入力 Y 範囲(Y): $K$4:$K$23
入力 X 範囲(X): $C$4:$J$23
☐ ラベル(L)　☐ 定数に 0 を使用(Z)
☐ 有意水準(O)　95 %
OK
キャンセル
ヘルプ(H)
出力オプション
○ 一覧の出力先(S):
◉ 新規ワークシート(P):
○ 新規ブック(W)
残差
☐ 残差(R)　☐ 残差グラフの作成(D)
☐ 標準化された残差(T)　☑ 観測値グラフの作成(I)
正規確率
☐ 正規確率グラフの作成(N)

図 4.1　回帰分析の入力画面

**表 4.4 表 4.3 を回帰分析した結果**

| 回帰統計 | |
|---|---|
| 重相関 $R$ | 0.9172 |
| 重決定 $R^2$ | 0.8412 |
| 補正 $R^2$ | 0.7257 |
| 標準誤差 | 2.5163 |
| 観測数 | 20 |

**得られた回帰式**

$$\dot{\eta} = 727.243 - 0.081x_1 + 1.539x_2 - 1.725x_3 + 2.046x_4 - 2.905x_5 - 0.562x_6 - 0.927x_7 - 2.740x_8$$

**分散分析表**

| | 自由度 | 変動 | 分散 | 観測された分散比 | 有意 $F$ |
|---|---|---|---|---|---|
| 回帰 | 8 | 368.96 | 46.12 | 7.284 | 0.00 |
| 残差 | 11 | 69.65 | 6.33 | | |
| 合計 | 19 | 438.61 | | | |

| |
|---|
| $F(8, 11; 0.05) = 2.948$ |
| $t(11, 0.05) = 2.201$ |
| $t(11, 0.25) = 1.214$ |

| | 係数 | 標準誤差 | $t$ | $P$-値 | 下限 95% | 上限 95% |
|---|---|---|---|---|---|---|
| 切片 | 727.243 | 99.919 | 7.278 | 0.000 | 507.323 | 947.162 |
| $X$ 値 1 | -0.081 | 1.628 | -0.050 | 0.961 | -3.665 | 3.503 |
| $X$ 値 2 | 1.539 | 1.587 | 0.970 | 0.353 | -1.954 | 5.033 |
| $X$ 値 3 | -1.725 | 1.370 | -1.260 | 0.234 | -4.739 | 1.289 |
| $X$ 値 4 | 2.046 | 1.781 | 1.149 | 0.275 | -1.874 | 5.965 |
| $X$ 値 5 | -2.905 | 1.806 | -1.608 | 0.136 | -6.880 | 1.070 |
| $X$ 値 6 | -0.562 | 1.625 | -0.346 | 0.736 | -4.140 | 3.015 |
| $X$ 値 7 | -0.927 | 0.256 | -3.621 | 0.004 | -1.490 | -0.363 |
| $X$ 値 8 | -2.740 | 0.392 | -6.988 | 0.000 | -3.603 | -1.877 |

者($x_7$, $x_8$)は，$t_0$値($t$ 値)の絶対値(1.26, 1.149, 1.608)が $t$ 分布の 5%点 2.201 より小さいものの，$t$ 分布の 25%点 1.214 より大きいか同程度であるので，無視しない.

**(手順 5)** 点予測値

**表4.5**の点予測値(点推定値)は20個の実験の条件を元に計算されている．自分で任意の条件における点予測値(点推定値)を求める際には，以下の点に留意する．

7番目と8番目の変数$x_{10}$，$x_{11}$は計量的因子なので，通常の重回帰分析と同様に，それぞれの因子の水準値をそのまま回帰式に代入する．その他の因

**表4.5　点予測と残差の結果**

| No. | 観測値 | 予測値：$Y$ | 残差 |
|---|---|---|---|
| 1 | 13.4 | 18.64 | -5.19 |
| 2 | 24.0 | 23.47 | 0.53 |
| 3 | 26.1 | 26.66 | -0.52 |
| 4 | 22.7 | 20.90 | 1.81 |
| 5 | 25.8 | 23.01 | 2.76 |
| 6 | 22.9 | 22.59 | 0.35 |
| 7 | 21.6 | 20.42 | 1.21 |
| 8 | 11.8 | 12.41 | -0.61 |
| 9 | 25.7 | 23.89 | 1.84 |
| 10 | 26.4 | 23.39 | 3.02 |
| 11 | 23.0 | 23.11 | -0.08 |
| 12 | 26.4 | 25.33 | 1.08 |
| 13 | 29.8 | 29.60 | 0.19 |
| 14 | 20.3 | 22.59 | -2.31 |
| 15 | 29.1 | 29.57 | -0.48 |
| 16 | 25.9 | 25.46 | 0.40 |
| 17 | 21.6 | 21.20 | 0.40 |
| 18 | 21.6 | 23.20 | -1.59 |
| 19 | 18.1 | 18.25 | -0.13 |
| 20 | 29.8 | 32.48 | -2.67 |

子には数量化理論I類を用いているので，変数$x_2$，$x_3$，$x_5$，$x_7$，$x_8$，$x_9$は0か1の値しかとれないことに注意する．例えば，「原料メーカ」を例にとると，A社の場合は変数$x_2$，$x_3$はいずれも0と置く．同様にB社は1，0，C社は0，1とする．

なお，**表4.5**を見ると，№1の実験の残差がやや大きいので，調査が必要かもしれない．

**(自由演習4.1)**

[例題4.1]では，各変数の第1水準，例えば，「原料メーカ」ではA社を説明変数として使用しないことにしていたが，他の水準，すなわち，B社，もしくは，C社を除いても，本質的に同じ式が得られる．試してみよ．

**(自由演習4.2)**

**表4.1**の$x_2=(0, 1, 0)$，$x_3=(0, 0, 1)$に代えて，$Z_1=(1, 0, -1)$，$Z_2=(1, -2, 1)$を用いて解析を行え．このとき，$Z_1$，$Z_2$の3つの要素の和は，$1+0+(-1)=0$，$1+(-2)+1=0$であり，積和も，$1\times1+0\times(-2)+(-1)\times1=0$である．すなわち，両者は直交している．さらに，この3つの要素の2乗和が1となるようにすれば，これは基準直交対比と呼ばれるものとなる．これを用いると，本文と本質的に同じ結果が得られるだけでなく，下記のように，対比に固有技術的な意味合いをもたせることができる点でメリットがプラスされる．

**■ヒント**

基準直交対比は，$Z_1$，$Z_2$に対応して，それぞれ，$L_1=(1/\sqrt{2}, 0, -1/\sqrt{2})$，$L_2=(1/\sqrt{6}, -2/\sqrt{6}, 1/\sqrt{6})$となる．$L_1$はA社とC社の差を，$L_2$はA社とC社の平均とB社の差(固有技術的な意味合い)を表す．よって，基準直交対比を用いた変数$X_1$，$X_2$は，A社の場合は，それぞれ，$1/\sqrt{2}$，$1/\sqrt{6}$と置く．同様にB社の場合は，それぞれ，0，$-2/\sqrt{6}$，C社の場合は，それぞれ，$-1/\sqrt{2}$，$1/\sqrt{6}$とする(**表 4.6**).

**表 4.6 基準直交対比による数量化の方法**

| | 通常の数量化 | | 対比による数量化 | |
|---|---|---|---|---|
| | $x_2$ | $x_3$ | $X_1$ | $X_2$ |
| **A 社** | 0 | 0 | $1/\sqrt{2}$ | $1/\sqrt{6}$ |
| **B 社** | 1 | 0 | 0 | $-2/\sqrt{6}$ |
| **C 社** | 0 | 1 | $-1/\sqrt{2}$ | $1/\sqrt{6}$ |

数量化理論Ⅰ類は，マーケティングの分野でもよく使われる手法なので，例題を挙げて解説する．商品の売上を伸ばすことは，マーケティングにおいて，重要な問題の一つである．とりわけ，「商品の価格をどのように設定するか」は関心度の高いものであるから，例題を通じて解析手順を理解していただきたい．

**[例題 4.2]**

**表 4.7** はあるスーパーにおける白菜の１日の売上データである．

「単価」「店のチラシ配布」「競合店の安売り」「気温」「曜日」を変数として売上高を予測する式を作成し，売上高が３万円になる条件を求めたい．

解析の第１段階では，売上高に影響を与える変数を絞り込む．この段階で，売上高への影響が少ないものは，説明変数から外す方針で臨む．

変数の組合せは多数あるが，解析の第２段階では，(1)比較的価格設定が低くなる条件において，「店のチラシ配布」「競合店の安売り」「気温」「曜日」を選定し，「単価」を設定する．また，(2)比較的価格設定が高くなる条件において，「店のチラシ配布」「競合店の安売り」「気温」「曜日」を選定し，「単価」を設定する．

なお，数量化理論Ⅰ類を適用した変数のデータの(0，1)の数値は，「店

**表 4.7　あるスーパーの1日の売上データ表(全13変数)**

| 日付 | 単価(円) | 店のチラシ配布 | 競合店の安売り | 気温19℃以下 | 気温20～25℃ | 気温26℃以上 | 日 | 月 | 火 | 水 | 木 | 金 | 土 | 売上高(円) |
|---|---|---|---|---|---|---|---|---|---|---|---|---|---|---|
| 2020/10/4 | ¥99 | 1 | 0 | 0 | 1 | 0 | 1 | 0 | 0 | 0 | 0 | 0 | 0 | ¥29,225 |
| 2020/10/5 | ¥102 | 0 | 1 | 1 | 0 | 0 | 0 | 1 | 0 | 0 | 0 | 0 | 0 | ¥19,602 |
| 2020/10/6 | ¥85 | 1 | 0 | 0 | 1 | 0 | 0 | 0 | 1 | 0 | 0 | 0 | 0 | ¥37,800 |
| 2020/10/7 | ¥90 | 0 | 0 | 1 | 0 | 0 | 0 | 0 | 0 | 1 | 0 | 0 | 0 | ¥15,246 |
| 2020/10/8 | ¥99 | 0 | 0 | 0 | 1 | 0 | 0 | 0 | 0 | 0 | 1 | 0 | 0 | ¥29,892 |
| 2020/10/9 | ¥87 | 0 | 0 | 0 | 1 | 0 | 0 | 0 | 0 | 0 | 0 | 1 | 0 | ¥32,218 |
| 2020/10/10 | ¥83 | 1 | 0 | 0 | 1 | 0 | 0 | 0 | 0 | 0 | 0 | 0 | 1 | ¥37,100 |
| 2020/10/11 | ¥94 | 0 | 0 | 0 | 1 | 0 | 1 | 0 | 0 | 0 | 0 | 0 | 0 | ¥32,725 |
| 2020/10/12 | ¥103 | 0 | 1 | 1 | 0 | 0 | 0 | 1 | 0 | 0 | 0 | 0 | 0 | ¥15,642 |
| 2020/10/13 | ¥87 | 0 | 0 | 0 | 0 | 1 | 0 | 0 | 1 | 0 | 0 | 0 | 0 | ¥23,364 |
| 2020/10/14 | ¥104 | 0 | 0 | 0 | 0 | 1 | 0 | 0 | 0 | 1 | 0 | 0 | 0 | ¥11,682 |
| 2020/10/15 | ¥99 | 0 | 1 | 0 | 0 | 1 | 0 | 0 | 0 | 0 | 0 | 1 | 0 | ¥17,672 |
| 2020/10/16 | ¥78 | 1 | 0 | 0 | 1 | 0 | 0 | 0 | 0 | 0 | 0 | 0 | 1 | ¥44,625 |
| 2020/10/17 | ¥99 | 0 | 0 | 1 | 0 | 0 | 1 | 0 | 0 | 0 | 0 | 0 | 0 | ¥29,925 |
| 2020/10/18 | ¥101 | 1 | 1 | 0 | 1 | 0 | 0 | 1 | 0 | 0 | 0 | 0 | 0 | ¥17,820 |
| 2020/10/19 | ¥75 | 1 | 0 | 1 | 0 | 0 | 0 | 0 | 0 | 0 | 0 | 1 | 0 | ¥49,662 |
| 2020/10/20 | ¥87 | 0 | 1 | 0 | 1 | 0 | 0 | 0 | 0 | 0 | 0 | 0 | 1 | ¥25,025 |
| 2020/10/21 | ¥80 | 1 | 0 | 1 | 0 | 0 | 1 | 0 | 0 | 0 | 0 | 0 | 0 | ¥36,400 |
| 2020/10/22 | ¥89 | 0 | 1 | 0 | 0 | 1 | 0 | 1 | 0 | 0 | 0 | 0 | 0 | ¥13,662 |
| 2020/10/23 | ¥87 | 0 | 1 | 0 | 1 | 0 | 0 | 0 | 1 | 0 | 0 | 0 | 0 | ¥25,098 |
| 2020/10/24 | ¥87 | 1 | 0 | 1 | 0 | 0 | 0 | 0 | 0 | 1 | 0 | 0 | 0 | ¥19,206 |
| 2020/10/25 | ¥99 | 0 | 0 | 1 | 0 | 0 | 0 | 0 | 0 | 0 | 1 | 0 | 0 | ¥15,444 |
| 2020/10/26 | ¥89 | 1 | 1 | 0 | 1 | 0 | 0 | 0 | 0 | 0 | 0 | 1 | 0 | ¥33,642 |
| 2020/10/27 | ¥78 | 1 | 0 | 0 | 1 | 0 | 0 | 0 | 0 | 0 | 0 | 0 | 1 | ¥43,925 |
| 2020/10/28 | ¥99 | 0 | 1 | 0 | 0 | 1 | 0 | 0 | 0 | 0 | 1 | 0 | 0 | ¥18,810 |
| 2020/10/29 | ¥93 | 0 | 1 | 1 | 0 | 0 | 0 | 0 | 0 | 0 | 0 | 1 | 0 | ¥14,652 |

のチラシ配布」を例にとると，1の場合は配布する．0の場合は配布しないとする．他の変数についても同様である．

■解析

(手順1)　表4.7のデータを眺めただけでは，売上高に影響を与えている変数を特定することはできない．また，表4.8に示すように，単価と売上高については，ばらつきの大きいことがわかる．

(手順2)　「気温」「曜日」に関しては，数量化理論I類を用いており，説明変数が2つ以上あるので，多重共線性を避けるために，それぞれ1変数，計2変数を説明変数から除く．この例では気温26℃以上と日曜日を削除する(表

**表 4.8　単価と売上のばらつき**

| | **単価** | **売上高** |
|---|---|---|
| **平均** | ¥91.3 | ¥26,541 |
| **標準偏差** | ¥8.6 | ¥10,730 |

**4.9**）．削除する変数は任意に選んでよいが，基準となるものを選べば，削除変数の効果が切片に含まれてくるので，結果の見通しが良い．

**(手順 3)**　「店のチラシ配布」などの変数は計数値なので正規分布していない．よって，本来，相関分析はできないが，「売上高」に影響を与える可能性があるかどうかについての参考にするため，やや強引だが正規分布とみなし，分析ツールの相関を用いて相関分析する．結果を**表 4.10** に示す．「単価(円)」「店のチラシ配布」「気温 20〜25℃」の 3 つの変数が「売上高」との相関が比較的高いとわかる．

**(手順 4)**　分析ツールの回帰を用いて，**表 4.9** のデータを重回帰分析すると，**表 4.11** が得られる．$F_0$値(観測された分散比)は 8.138 で，$F$ 分布の 5%点 2.565 より大きいので，統計的に意味のある回帰式が得られた．

また，残差の標準偏差は，残差分散 27806361 の平方根＝5,273 円まで減少し，**表 4.8** の 10,730 円に比べ，半分以下となった．

しかし，「店のチラシ配布」「気温」については，$t_0$値($t$ 値)がいずれも $t$ 分布の 5%点 2.145 より小さいので，統計的に意味のある変数とはいえない．また，$t$ 分布の 25%点 1.200 より少し大きいものもあるが，同程度であるので，当初の方針どおり，「店のチラシ配布」「気温」は「売上高」への寄与が小さいと考え，説明変数から外すことにする．

曜日に関しては，水曜日の$t_0$値の絶対値 3.198 が $t$ 分布の 5%点 2.145 より大きく，検定結果が有意なので，「曜日」の項目はすべて残すこととする．

**(手順 5)**　(手順 4)で，有意と判定されなかった「店のチラシ配布」「気温」を説明変数から除く．その結果，説明変数は 8 変数となり，**表 4.12** が次の解

## 表 4.9　多重共線性を避けた解析用データ表(11 変数)

| 日付 | 単価(円) | 店のチラシ配布 | 競合店の安売り | 気温19℃以下 | 気温20～25℃ | 月 | 火 | 水 | 木 | 金 | 土 | 売上高(円) |
|---|---|---|---|---|---|---|---|---|---|---|---|---|
| 2020/10/4 | ¥99 | 1 | 0 | 0 | 1 | 0 | 0 | 0 | 0 | 0 | 0 | ¥29,225 |
| 2020/10/5 | ¥102 | 0 | 1 | 1 | 0 | 1 | 0 | 0 | 0 | 0 | 0 | ¥19,602 |
| 2020/10/6 | ¥85 | 1 | 0 | 0 | 1 | 0 | 1 | 0 | 0 | 0 | 0 | ¥37,800 |
| 2020/10/7 | ¥90 | 0 | 0 | 1 | 0 | 0 | 0 | 1 | 0 | 0 | 0 | ¥15,246 |
| 2020/10/8 | ¥99 | 0 | 0 | 0 | 1 | 0 | 0 | 0 | 1 | 0 | 0 | ¥29,892 |
| 2020/10/9 | ¥87 | 0 | 0 | 0 | 1 | 0 | 0 | 0 | 0 | 1 | 0 | ¥32,218 |
| 2020/10/10 | ¥83 | 1 | 0 | 0 | 1 | 0 | 0 | 0 | 0 | 0 | 1 | ¥37,100 |
| 2020/10/11 | ¥94 | 0 | 0 | 0 | 1 | 0 | 0 | 0 | 0 | 0 | 0 | ¥32,725 |
| 2020/10/12 | ¥103 | 0 | 1 | 1 | 0 | 1 | 0 | 0 | 0 | 0 | 0 | ¥15,642 |
| 2020/10/13 | ¥87 | 0 | 0 | 0 | 0 | 0 | 1 | 0 | 0 | 0 | 0 | ¥23,364 |
| 2020/10/14 | ¥104 | 0 | 0 | 0 | 0 | 0 | 0 | 1 | 0 | 0 | 0 | ¥11,682 |
| 2020/10/15 | ¥99 | 0 | 1 | 0 | 0 | 0 | 0 | 0 | 0 | 1 | 0 | ¥17,672 |
| 2020/10/16 | ¥78 | 1 | 0 | 0 | 1 | 0 | 0 | 0 | 0 | 0 | 1 | ¥44,625 |
| 2020/10/17 | ¥99 | 0 | 0 | 1 | 0 | 0 | 0 | 0 | 0 | 0 | 0 | ¥29,925 |
| 2020/10/18 | ¥101 | 1 | 1 | 0 | 1 | 1 | 0 | 0 | 0 | 0 | 0 | ¥17,820 |
| 2020/10/19 | ¥75 | 1 | 0 | 1 | 0 | 0 | 0 | 0 | 0 | 1 | 0 | ¥49,662 |
| 2020/10/20 | ¥87 | 0 | 1 | 0 | 1 | 0 | 0 | 0 | 0 | 0 | 1 | ¥25,025 |
| 2020/10/21 | ¥80 | 1 | 0 | 1 | 0 | 0 | 0 | 0 | 0 | 0 | 0 | ¥36,400 |
| 2020/10/22 | ¥89 | 0 | 1 | 0 | 0 | 1 | 0 | 0 | 0 | 0 | 0 | ¥13,662 |
| 2020/10/23 | ¥87 | 0 | 1 | 0 | 1 | 0 | 1 | 0 | 0 | 0 | 0 | ¥25,098 |
| 2020/10/24 | ¥87 | 1 | 0 | 1 | 0 | 0 | 0 | 1 | 0 | 0 | 0 | ¥19,206 |
| 2020/10/25 | ¥99 | 0 | 0 | 1 | 0 | 0 | 0 | 0 | 1 | 0 | 0 | ¥15,444 |
| 2020/10/26 | ¥89 | 1 | 1 | 0 | 1 | 0 | 0 | 0 | 0 | 1 | 0 | ¥33,642 |
| 2020/10/27 | ¥78 | 1 | 0 | 0 | 1 | 0 | 0 | 0 | 0 | 0 | 1 | ¥43,925 |
| 2020/10/28 | ¥99 | 0 | 1 | 0 | 0 | 0 | 0 | 0 | 1 | 0 | 0 | ¥18,810 |
| 2020/10/29 | ¥93 | 0 | 1 | 1 | 0 | 0 | 0 | 0 | 0 | 1 | 0 | ¥14,652 |

## 表 4.10　相関分析表

| | 単価(円) | 店のチラシ配布 | 競合店の安売り | 気温19℃以下 | 気温20～25℃ | 月 | 火 | 水 | 木 | 金 | 土 | 売上高(円) |
|---|---|---|---|---|---|---|---|---|---|---|---|---|
| 単価(円) | 1.000 | | | | | | | | | | | |
| 店のチラシ配布 | -0.543 | 1.000 | | | | | | | | | | |
| 競合店の安売り | 0.342 | -0.300 | 1.000 | | | | | | | | | |
| 気温 19℃以下 | 0.063 | -0.077 | -0.077 | 1.000 | | | | | | | | |
| 気温 20～25℃ | -0.259 | 0.378 | -0.098 | -0.674 | 1.000 | | | | | | | |
| 月 | 0.380 | -0.118 | 0.539 | 0.138 | -0.181 | 1.000 | | | | | | |
| 火 | -0.212 | -0.038 | -0.038 | -0.263 | 0.149 | -0.154 | 1.000 | | | | | |
| 水 | 0.103 | -0.038 | -0.286 | 0.243 | -0.334 | -0.154 | -0.130 | 1.000 | | | | |
| 木 | 0.333 | -0.286 | -0.038 | -0.010 | -0.093 | -0.154 | -0.130 | -0.130 | 1.000 | | | |
| 金 | -0.155 | 0.015 | 0.216 | 0.055 | -0.060 | -0.208 | -0.176 | -0.176 | -0.176 | 1.000 | | |
| 土 | -0.496 | 0.320 | -0.118 | -0.310 | 0.461 | -0.182 | -0.154 | -0.154 | -0.154 | -0.208 | 1.000 | |
| 売上高（円） | -0.730 | 0.631 | -0.479 | -0.177 | 0.518 | -0.400 | 0.076 | -0.383 | -0.177 | 0.140 | 0.451 | 1.000 |

**表 4.11　回帰分析(11 変数)**

分散分析表

| | 自由度 | 変動 | 分散 | 観測された分散比 | 有意 $F$ |
|---|---|---|---|---|---|
| 回帰 | 11 | 2489187069 | 226289734 | 8.138 | 0.000244097 |
| 残差 | 14 | 389289047 | 27806361 | | |
| 合計 | 25 | 2878476116 | | | |

$F(11, 14; 0.05)=2.565$
$t(14, 0.05)=2.145$
$t(14, 0.25)=1.200$

| | 係数 | 標準誤差 | $t$ | $P$-値 | 下限 95% | 上限 95% |
|---|---|---|---|---|---|---|
| 切片 | 69967.3 | 21363.2 | 3.275 | 0.006 | 24147.7 | 115786.9 |
| 単価(円) | -462.5 | 218.7 | -2.115 | 0.053 | -931.5 | 6.4 |
| 店のチラシ配布 | 4453.9 | 2900.6 | 1.536 | 0.147 | -1767.3 | 10675.2 |
| 競合店の安売り | -7439.0 | 3226.2 | -2.306 | 0.037 | -14358.5 | -519.5 |
| 気温 19℃以下 | 1299.1 | 3251.6 | 0.400 | 0.696 | -5674.8 | 8273.1 |
| 気温 20～25℃ | 4483.7 | 3431.6 | 1.307 | 0.212 | -2876.5 | 11843.8 |
| 月 | -3054.2 | 4784.7 | -0.638 | 0.534 | -13316.3 | 7207.9 |
| 火 | -3274.1 | 4876.6 | -0.671 | 0.513 | -13733.5 | 7185.2 |
| 水 | -13614.7 | 4257.5 | -3.198 | 0.006 | -22746.1 | -4483.4 |
| 木 | -2241.0 | 4291.8 | -0.522 | 0.610 | -11446.0 | 6964.0 |
| 金 | 952.3 | 4289.7 | 0.222 | 0.828 | -8248.2 | 10152.9 |
| 土 | -565.3 | 5023.1 | -0.113 | 0.912 | -11338.8 | 10208.2 |

析に用いるためのデータとなる．

**(手順 6)**　表 **4.12** のデータを重回帰分析すると，表 **4.13** が得られる．表 **4.11** と同様に，$F_0$値(観測された分散比)は 8.45 で，$F$ 分布の 5%点 2.548 より大きいので，統計的に意味のある回帰式が得られた．

表 4.12　解析に用いるデータ表(8変数)

| 単価(円) | 競合店の安売り | 月 | 火 | 水 | 木 | 金 | 土 | 売上高(円) |
|---|---|---|---|---|---|---|---|---|
| ¥99 | 0 | 0 | 0 | 0 | 0 | 0 | 0 | ¥29,225 |
| ¥102 | 1 | 1 | 0 | 0 | 0 | 0 | 0 | ¥19,602 |
| ¥85 | 0 | 0 | 1 | 0 | 0 | 0 | 0 | ¥37,800 |
| ¥90 | 0 | 0 | 0 | 1 | 0 | 0 | 0 | ¥15,246 |
| ¥99 | 0 | 0 | 0 | 0 | 1 | 0 | 0 | ¥29,892 |
| ¥87 | 0 | 0 | 0 | 0 | 0 | 1 | 0 | ¥32,218 |
| ¥83 | 0 | 0 | 0 | 0 | 0 | 0 | 1 | ¥37,100 |
| ¥94 | 0 | 0 | 0 | 0 | 0 | 0 | 0 | ¥32,725 |
| ¥103 | 1 | 1 | 0 | 0 | 0 | 0 | 0 | ¥15,642 |
| ¥87 | 0 | 0 | 1 | 0 | 0 | 0 | 0 | ¥23,364 |
| ¥104 | 0 | 0 | 0 | 1 | 0 | 0 | 0 | ¥11,682 |
| ¥99 | 1 | 0 | 0 | 0 | 0 | 1 | 0 | ¥17,672 |
| ¥78 | 0 | 0 | 0 | 0 | 0 | 0 | 1 | ¥44,625 |
| ¥99 | 0 | 0 | 0 | 0 | 0 | 0 | 0 | ¥29,925 |
| ¥101 | 1 | 1 | 0 | 0 | 0 | 0 | 0 | ¥17,820 |
| ¥75 | 0 | 0 | 0 | 0 | 0 | 1 | 0 | ¥49,662 |
| ¥87 | 1 | 0 | 0 | 0 | 0 | 0 | 1 | ¥25,025 |
| ¥80 | 0 | 0 | 0 | 0 | 0 | 0 | 0 | ¥36,400 |
| ¥89 | 1 | 1 | 0 | 0 | 0 | 0 | 0 | ¥13,662 |
| ¥87 | 1 | 0 | 1 | 0 | 0 | 0 | 0 | ¥25,098 |
| ¥87 | 0 | 0 | 0 | 1 | 0 | 0 | 0 | ¥19,206 |
| ¥99 | 0 | 0 | 0 | 0 | 1 | 0 | 0 | ¥15,444 |
| ¥89 | 1 | 0 | 0 | 0 | 0 | 1 | 0 | ¥33,642 |
| ¥78 | 0 | 0 | 0 | 0 | 0 | 0 | 1 | ¥43,925 |
| ¥99 | 1 | 0 | 0 | 0 | 1 | 0 | 0 | ¥18,810 |
| ¥93 | 1 | 0 | 0 | 0 | 0 | 1 | 0 | ¥14,652 |

また，残差の標準偏差は，残差分散 34024991 の平方根＝ 5,833 円で，**表 4.11** の 5,273 円より若干大きいが大差なく，**表 4.8** の 10,730 円に比べ約半分まで減少している．

表 4.13 重回帰分析(8 変数)

分散分析表

| | 自由度 | 変動 | 分散 | 観測された分散比 | 有意 $F$ |
|---|---|---|---|---|---|
| 回帰 | 8 | 2300051260 | 287506408 | 8.45 | 0.00012594 |
| 残差 | 17 | 578424855 | 34024991 | | |
| 合計 | 25 | 2878476116 | | | |

$F(8, 17; 0.05) = 2.548$

$t(17, 0.05) = 2.110$

| | | | | | | 条件(1) | | 条件(2) | |
|---|---|---|---|---|---|---|---|---|---|
| | 回帰母数 | 標準誤差 | $t_0$ | 下限 95% | 上限 95% | データ | シミュレーション | データ | シミュレーション |
| 切片 | 85233.8 | 19750.4 | 4.316 | 43564 | 126903 | 1 | 85234 | 1 | 85234 |
| 単価(円) | -571.7 | 210.0 | -2.722 | -1015 | -129 | 73 | -41732 | 97 | -55452 |
| 競合店の安売り | -8953.9 | 3497.3 | -2.560 | -16333 | -1575 | 1 | -8954 | 0 | 0 |
| 月 | -3146.2 | 5234.6 | -0.601 | -14190 | 7898 | 0 | 0 | 0 | 0 |
| 火 | -4141.2 | 4944.1 | -0.838 | -14572 | 6290 | 1 | -4141 | 0 | 0 |
| 水 | -16309.6 | 4457.3 | -3.659 | -25714 | -6906 | 0 | 0 | 0 | 0 |
| 木 | -4272.1 | 4652.6 | -0.918 | -14088 | 5544 | 0 | 0 | 0 | 0 |
| 金 | 357.5 | 4699.4 | 0.076 | -9557 | 10272 | 0 | 0 | 1 | 357 |
| 土 | 1264.3 | 5026.2 | 0.252 | -9340 | 11869 | 0 | 0 | 0 | 0 |
| | | | | | | 合計 | 30407 | 合計 | 30140 |

また,「単価」「競合店の安売り」「水」については,$t_0$値($t$ 値)の絶対値がいずれも $t$ 分布の 5%点 2.110 より大きいので,統計的に意味がある変数といえる.

**(手順 7)** 売上高の目標は 30,000 円なので,すべての変数の組合せを求めると,「競合店の安売り」が 2 水準,「曜日」は 7 水準なので,計 14 パターンになり，それぞれに単価設定をすることになる．題意より，偏回帰係数から予測できる比較的低価格となる条件(1)と，比較的高価格となる条件(2)の 2 パターンを実施してみる．

簡単な方法は，重回帰分析で述べたように，**表 4.13** の最下段の表の外側に，データ欄とシミュレーション欄を作り，シミュレーション欄に切片と各偏回帰係数とデータの値をかける数式を書き込み，その最下段に合計欄を作ればよい．条件(1)，条件(2)の結果を**表 4.13** の右側に示す．

このとき，数量化理論 I 類を適用した説明変数，例えば「曜日」は，偏回帰係数が負のとき，その「曜日」が水準 1 のときは，「日」に比べ，偏回帰係数の絶対値相当分だけ売上高がマイナスになることを示している．

条件(1)では，切片の対応するデータ欄には常に 1 を入れる．「競合店の安売り」がある場合は，対応するデータ欄に 1 を入れる．偏回帰係数の値から，売上高への寄与分は，－ 8,954 円となる．

「日」に比べ，「水」は他の「曜日」と比べて格段に売上高が少ない．比較的低価格とすべき曜日として，「水」以外の曜日，例えば，「火」を選定すると，同様に対応するデータ欄に 1 を入れる．偏回帰係数の値から，売上高への寄与分は，－ 4,141 円となる．他の曜日のデータ欄についてはすべて 0 を入れる．

「単価」のデータ欄には，価格を適当に入れて試行錯誤すると，73 円まで下げないと 30,000 円の売上高を達成することはできないことがわかる (30,407 円)．

上記のように，「水」は他の曜日と比べて格段に売上が少ないので，計算は省略するが，単価を 52 円まで下げないと 30,000 円の売上を達成することはできない．この価格は**表 4.7** のデータから見て，利益面から設定が困難かもしれない．その場合は，別途，「水」対策が必要であろう．

条件(2)では，条件(1)とは逆に，「競合店の安売り」がないとき，「土」を除くと，「金」が「日」より売上高が高いので，「金」を選定する．そうすると，**表 4.13** の右側により，「単価」は 97 円でも 30,140 円となり，目標達成が可能である.

**(手順 8)**　ここで，大事なポイントは，「変数には自分で対策が打てるものと，対策が打てないものがある」ということである.「競合店の安売り」は，対策が打てないし，「曜日」も変えられない．また，自分で対策が打てるのは，「単価」と「店のチラシ配布」である．しかし，「店のチラシ配布」は「売上高」のアップにあまり寄与していないので，解析から外した.「気温」についても同様である．したがって，**表 4.13** に倣（なら）って，ふさわしい「単価」設定をこまめに設定・管理していくことで，スーパーの売上高の好転に寄与すると考えられる.

## 4.5　おわりに

数量化理論 I 類について Excel の分析ツールで計算できる範囲で解説してきた．参考文献に上げた書籍も参考にすれば，重回帰分析の適用範囲が広がるので，実務で活用してほしい.

# 第5章
# ロジスティック回帰分析

重回帰分析では，目的変数 $y$ は任意の値をとれることを想定していた．しかし，実務面では，目的変数 $y$ が特定範囲の値しかとれない場合もあり，そのような場合の対応について述べる[1][2]．

## 5.1　適用場面と活用の仕方

例えば，不適合率(不良率)や収率などを考えると，目的変数は0～1の間の値しかとれない．そのときにも重回帰分析が使えるように，本章では，目的変数そのものではなく，目的変数をロジット変換する方法を解説する．

## 5.2　ロジスティック回帰分析とは

重回帰分析の結果，仮に統計的に有意な式が得られたとしても，$y$ の点予測値・点推定値，あるいは，予測限界や信頼限界が物理的に取り得ない値，例えば，不適合率や収率が負になったり，1(100%)を越えてしまうのは不都合である．

そこで，不適合率 $p(0 < p < 1)$ を式(5.1)により $y(-\infty < y < +\infty)$ に変換する．この変換をロジット変換という．また，この $y$ を目的変数として回帰分析する方法をロジスティック回帰分析という．

$$y=\ln\left(\frac{p}{1-p}\right) \tag{5.1}$$

ロジスティック回帰分析の結果，回帰式や回帰式による点予測(点推定)，区間予測(区間推定)が得られたら．式(5.1)を $p$ について解いた式(5.2)により逆変換し，$y$ を $p$ に戻す．

$$p=p(y)=\frac{\exp(y)}{1+\exp(y)} \tag{5.2}$$

このように，ロジスティック回帰分析におけるロジット変換は，不適合率や収率が負になったり，1(100%)を越えたりすることのないように，$p$が0や1に近いときでも対応できることをねらいとしていた．

## 5.3 適用例

例えば，収率(反応率)を特性値としたとき，中間活性種が主たる反応の推進を受け持つ回分式触媒化学反応などでは，反応開始後，中間活性種がある程度の濃度になるまで，反応は徐々にしか進まない．しかし，中間活性種の濃度が上がっていくと，反応は急速に進むようになる．そして，反応が進んで原料が少なくなってくると再び反応速度は低下し，収率はゆっくりと100%に近づいていく．この様子を**図5.1**に示すが，この例だけでなくロジット変換自体がわれわれが接する事象に合っていることも多い．

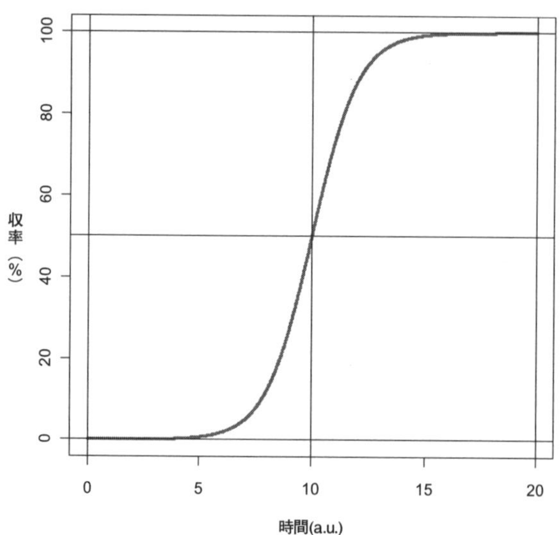


図5.1 ロジット変換の例(a.u. は任意の単位を表す)

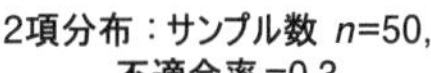

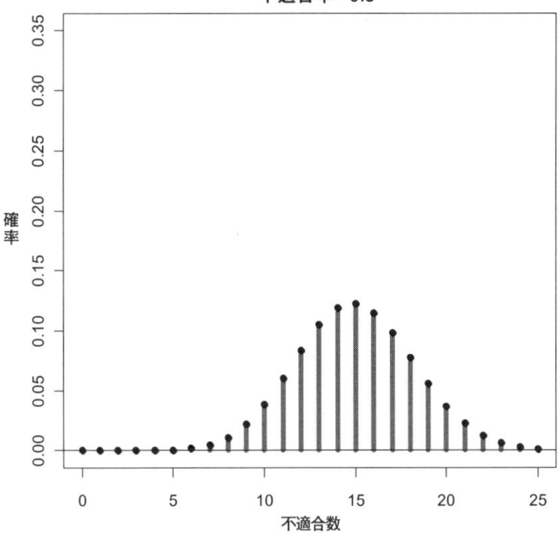


図 5.2(a)　母不適合率が 0.3 のときの 2 項分布

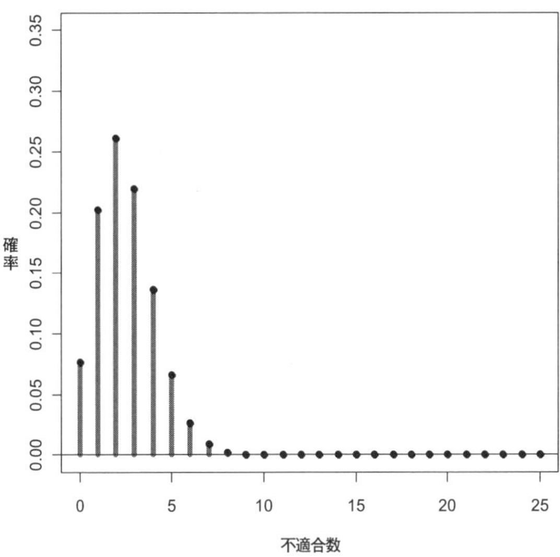


図 5.2(b)　母不適合率が 0.05 のときの 2 項分布

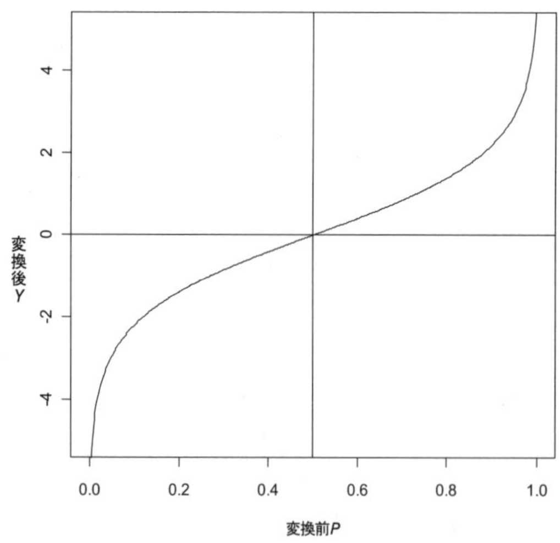


図5.3　母不適合率 $P$ の値とロジット変換後の $Y=\ln(P/(1-P))$ の値の関係

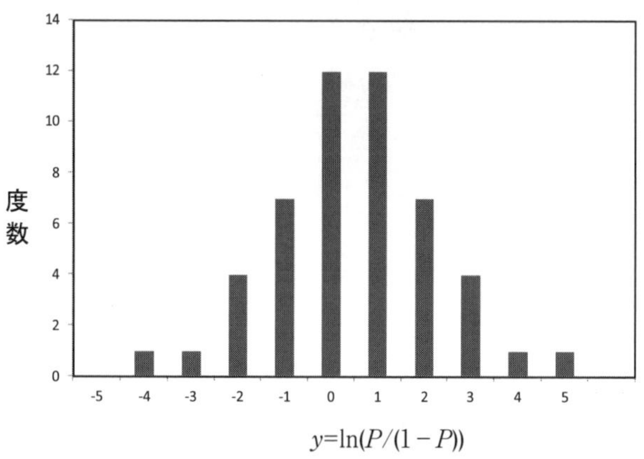


図5.4　ロジット変換後の値のヒストグラム（$n$=50）

また，不適合率は，同じ1%でも，10%から9%に改善するのと，2%から1%に改善するのでは困難さは格段に異なる．すなわち，不適合率は直線的な応答ではないと考えられる．特性値の取り得る範囲だけに拘泥（こうでい）せず，その技術分野に合うのであれば，積極的にロジスティック回帰分析を適用するとよい．

さて，母不適合率が0.3と高いときの2項分布は**図5.2**(a)の図のように正規分布に似た分布となっている．一方，母不適合率が0.05と低いときは，**図5.2**(b)の図のように，左側が切り取られた(トランケートされた)左絶壁形となり，正規分布に似ているとはいえない．

**図5.3**に，ロジット変換前の母不適合率$P$の値とロジット変換後の$Y = \ln(P/(1-P))$の値の関係を示す．そして，変換後の値を$n = 50$でヒストグラムにすると，**図5.4**のようになり，正規分布に近い形となっており，ロジット変換した効果が出ている．

## 5.4　解析の方法

次の例題を考えよう．

[例題5.1]

ガラス繊維製品を生産しているが，新規投入銘柄では，時折，不適合率

表5.1　データ表(単位省略)

| № | 繊度 $x1$ | 添加剤量 $x2$ | 紡糸温度 $x3$ | 紡糸速度 $x4$ | 巻き長さ $x5$ | 不適合率 $p$ | ロジット変換後 $y$ |
|---|---|---|---|---|---|---|---|
| 1 | 2.97 | 120 | 1200 | 592 | 2034 | 0.01185 | -4.42310 |
| 2 | 2.82 | 121 | 1150 | 591 | 2035 | 0.00496 | -5.30194 |
| 3 | 2.97 | 122 | 1160 | 599 | 2061 | 0.00988 | -4.60777 |
| 4 | 3.11 | 120 | 1110 | 615 | 2005 | 0.00588 | -5.13016 |
| 5 | 2.87 | 125 | 1090 | 586 | 2080 | 0.00297 | -5.81523 |
| 6 | 2.80 | 125 | 1060 | 603 | 2042 | 0.00399 | -5.52101 |
| 7 | 2.65 | 120 | 1130 | 589 | 2090 | 0.00451 | -5.39791 |
| 8 | 2.34 | 125 | 1160 | 607 | 2079 | 0.00900 | -4.70144 |
| 9 | 2.46 | 123 | 1020 | 600 | 2040 | 0.00274 | -5.89565 |
| 10 | 2.46 | 120 | 1130 | 609 | 2072 | 0.00473 | -5.34881 |
| 11 | 2.25 | 121 | 1160 | 602 | 2075 | 0.00503 | -5.28758 |
| 12 | 2.14 | 125 | 1150 | 590 | 2090 | 0.00723 | -4.92267 |
| 13 | 2.24 | 125 | 1042 | 596 | 2042 | 0.00528 | -5.23948 |
| 14 | 2.10 | 125 | 1068 | 609 | 2067 | 0.00676 | -4.98975 |
| 15 | 2.75 | 125 | 1214 | 591 | 1034 | 0.01917 | -3.93528 |
| 16 | 2.75 | 123 | 1024 | 593 | 1020 | 0.00707 | -4.94429 |
| 17 | 3.10 | 122 | 1150 | 615 | 1040 | 0.01978 | -3.90321 |
| 18 | 2.89 | 124 | 1041 | 611 | 1015 | 0.00490 | -5.31400 |
| 19 | 2.59 | 123 | 1080 | 592 | 1020 | 0.00661 | -5.01190 |
| 20 | 2.78 | 125 | 1209 | 602 | 1049 | 0.02309 | -3.74481 |
| 21 | 2.72 | 124 | 1103 | 592 | 1039 | 0.01259 | -4.36212 |
| 平均 | 2.655 | 123.00 | 1116.7 | 599.2 | 1715.7 | 0.00848 | -4.94277 |

の高い日がある．品質向上，ならびに原単位向上のため，直近の3週間における日ごとの生産記録を調査し，不適合品の発生に関するデータを集め，**表5.1**に示すデータを得た．各要因の不適合率に及ぼす影響を解析してみよう．

■**解析**

**（手順1）**　**表5.1**を用いてデータをExcelのワークシートに入力する．目的変数は，不適合率$p$ではなく，それをロジット変換した$y$を用いる．

**（手順2）**　Excelの分析ツールの「回帰分析」を選択する．

**（手順3）**　**図5.5**のように入力し「OK」をクリックする．

**（手順4）**　指定したところに計算結果が表示される（**表5.2**）．

$F_0$値（観測された分散比）が$F$分布の5%点2.901より大きいので回帰式は全体として有意で，統計的に意味のある式である．また，$t_0$値（$t$値）が$t$分布の5%点2.131より大きい紡糸温度（$x_3$），巻き長さ（$x_5$）は効果があり，$t_0$

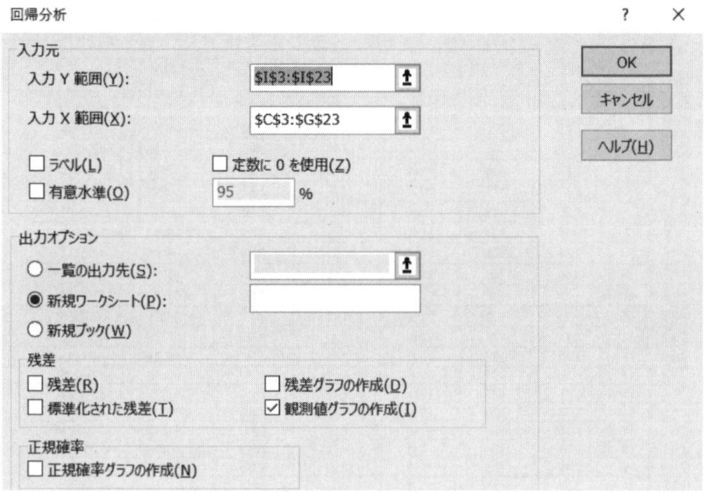

**図5.5　回帰分析の入力画面**

**表 5.2　表 5.1 の解析結果**

| 回帰統計 | |
|---|---|
| 重相関 $R$ | 0.9022 |
| 重決定 $R^2$ | 0.8140 |
| 補正 $R^2$ | 0.7520 |
| 標準誤差 | 0.2988 |
| 観測数 | 21 |

**得られた回帰式**

$$\hat{\eta} = 24.7107 - 0.01174x_1 + 0.051035x_2 + 0.007163x_3 + 0.011074x_4 - 0.00065x_5$$

**分散分析表**

| | 自由度 | 変動 | 分散 | 観測された分散比 | 有意 $F$ |
|---|---|---|---|---|---|
| 回帰 | 5 | 5.861 | 1.172 | 13.127 | 0.000 |
| 残差 | 15 | 1.339 | 0.089 | | |
| 合計 | 20 | 7.200 | | | |

$F(5, 15; 0.05)=2.901$
$t(15, 0.05)=2.131$
$t(15, 0.25)=1.197$

| | 係数 | 標準誤差 | $t$ | $P$-値 | 下限 95% | 上限 95% |
|---|---|---|---|---|---|---|
| 切片 | -24.7107 | 7.7128 | -3.204 | 0.006 | -41.150 | -8.271 |
| $X$ 値 1 | -0.01174 | 0.2653 | -0.044 | 0.965 | -0.577 | 0.554 |
| $X$ 値 2 | 0.051035 | 0.0397 | 1.284 | 0.219 | -0.034 | 0.136 |
| $X$ 値 3 | 0.007163 | 0.0012 | 6.164 | 0.000 | 0.005 | 0.010 |
| $X$ 値 4 | 0.011074 | 0.0075 | 1.467 | 0.163 | -0.005 | 0.027 |
| $X$ 値 5 | -0.00065 | 0.0002 | -4.102 | 0.001 | -0.001 | 0.000 |

値（$t$ 値）が $t$ 分布の 25％点 1.197 より大きい添加剤量（$x_2$），紡糸速度（$x_4$）も無視できない．

**（手順 5）**　逆変換した点予測値と実測値の比較を**表 5.3**，**図 5.6** に示す．

ロジット変換のねらいどおり，不適合率が 0 に近いときでも実測値と予測値は対応がとれている．

**表 5.3　点予測値と実測値の比較**

| No. | 実測値 $p$ | 予測値 $p$ | 予測値 $y$ |
|---|---|---|---|
| 1 | 0.01185 | 0.008246 | -4.78978 |
| 2 | 0.00496 | 0.006018 | -5.10688 |
| 3 | 0.00988 | 0.007288 | -4.91426 |
| 4 | 0.00588 | 0.005694 | -5.16260 |
| 5 | 0.00297 | 0.004418 | -5.41772 |
| 6 | 0.00399 | 0.004413 | -5.41887 |
| 7 | 0.00451 | 0.004693 | -5.35705 |
| 8 | 0.00900 | 0.009222 | -4.67685 |
| 9 | 0.00274 | 0.002914 | -5.83541 |
| 10 | 0.00473 | 0.005931 | -5.12165 |
| 11 | 0.00503 | 0.007155 | -4.93271 |
| 12 | 0.00723 | 0.007093 | -4.94154 |
| 13 | 0.00528 | 0.003616 | -5.61875 |
| 14 | 0.00676 | 0.004951 | -5.30313 |
| 15 | 0.01917 | 0.022019 | -3.79359 |
| 16 | 0.00707 | 0.005349 | -5.22546 |
| 17 | 0.01978 | 0.015560 | -4.14737 |
| 18 | 0.00490 | 0.007754 | -4.85171 |
| 19 | 0.00661 | 0.007896 | -4.83351 |
| 20 | 0.02309 | 0.023714 | -3.71768 |
| 21 | 0.01259 | 0.009645 | -4.63158 |

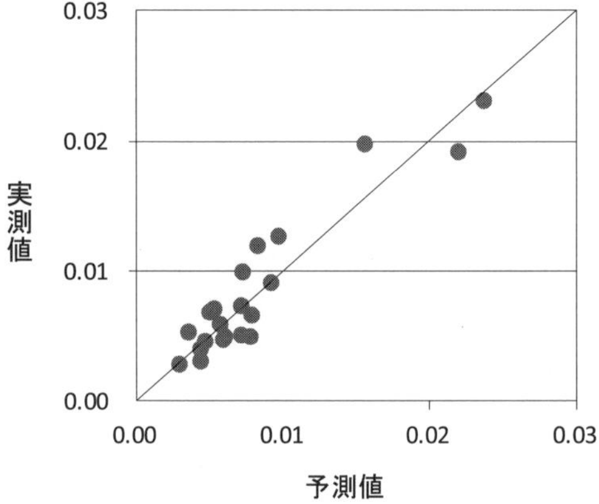


**図 5.6　予測値と実測値の対応**

**(自由演習 5.1)**

ロジット変換せずに不良率自体を目的変数として重回帰分析してみるとどうなるか試してみよ．

**図 5.7** には，得られた結果のうち，予測値と実測値の対応を示す．図を見ると，No.9 のデータの予測値が負の値となっているほか，不適合率が 0 に近づくと両者の対応が歪んでいるようだ．

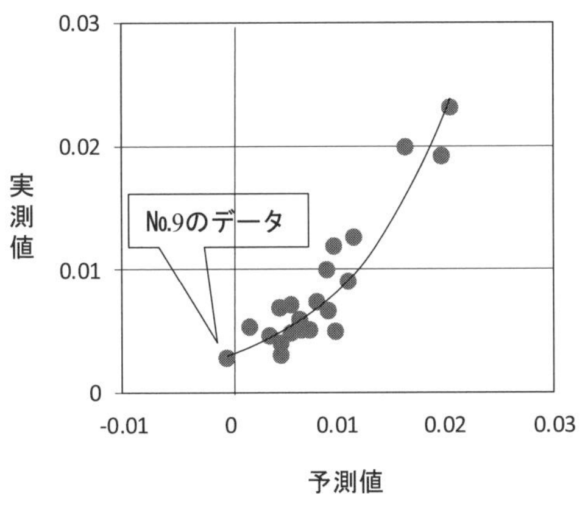


**図 5.7　予測値と実測値の対応**

## 5.5　おわりに

ロジスティック回帰分析について Excel の分析ツールで計算できる範囲で解説してきた．目的変数を数値変換することが適切である場面も多く，ロジット変換もその一つである．適切な変換により，重回帰分析の適用範囲が広がるので，実務で活用してほしい．

# 第6章
# 曲線回帰分析

重回帰分析では，式(6.1)において，説明変数$x_j$ $(j=0,\ 1,\ 2,\ \cdots,\ p)$はすべて1次項だけを想定していた．ここでは，$x_j$の2次項以上を取り扱う[1][2]．

$$y_i = x_{0i}\beta_0 + x_{1i}\beta_1 + \cdots + x_{pi}\beta_p + e_i \quad (i=1,\ 2,\ \cdots,\ n) \tag{6.1}$$

## 6.1 適用場面と活用の仕方

実務上，$x_j$の2次項以上を取り扱いたいことも多い．曲線回帰のあてはめが必要な場合でも重回帰分析が使えるよう，本章では，$x_1 \to x$，$x_2 \to x^2$，$x_3 \to x^3$，…と置いて重回帰分析を行う曲線回帰分析(多項式回帰)について述べる．

## 6.2 曲線回帰分析とは

多重共線性(**10.4節**を参照)を避けるためには，説明変数間には相関がないほうがよい．これから実験してデータをとる場合は，繰返し数の等しい要因配置実験，直交表実験などの直交計画を用いることができるため，説明変数間の相関係数は0とできるので好ましい．しかし，一般には，説明変数間には多少の相関がある．

曲線回帰分析においては，$x_1 \to x$，$x_2 \to x^2$，$x_3 \to x^3$，…などと置くので，いずれの$x_j$も$x$に由来するから，$x_1$と$x_2$間をはじめとして，各変数間には当然相関がある．よって，可能な限り相関を小さくする必要がある．ここでは$x^2$項として$(x-\bar{x})^2$を用いて相関係数を小さくする工夫を紹介する．

## 6.3 解析の方法

次の例題を考えよう．

**[例題6.1]**

あるコートフィルム製品は，基材フィルムに特殊コーティングをした後，熱処理室でエージングして出荷している．重要特性は表面硬度$y$である．表面硬度には熱処理温度$x$が大きな影響をもつと考えられるので，熱処理温度をランダムに選んで実験した．結果を表**6.1**と図**6.1**に示す．

**表6.1　データ表（単位省略）**

| No. | $x$ | $x^2$ | $x-\bar{x}$ | $(x-\bar{x})^2$ | $y$ |
|---|---|---|---|---|---|
| 1 | 48 | 2304 | -9.72 | 94.48 | 79.23 |
| 2 | 91 | 8281 | 33.28 | 1107.56 | 84.52 |
| 3 | 21 | 441 | -36.72 | 1348.36 | 13.12 |
| 4 | 53 | 2809 | -4.72 | 22.28 | 95.88 |
| 5 | 45 | 2025 | -12.72 | 161.80 | 69.40 |
| 6 | 76 | 5776 | 18.28 | 334.16 | 102.29 |
| 7 | 88 | 7744 | 30.28 | 916.88 | 91.84 |
| 8 | 93 | 8649 | 35.28 | 1244.68 | 95.05 |
| 9 | 70 | 4900 | 12.28 | 150.80 | 98.73 |
| 10 | 97 | 9409 | 39.28 | 1542.92 | 93.11 |
| 11 | 54 | 2916 | -3.72 | 13.84 | 95.49 |
| 12 | 71 | 5041 | 13.28 | 176.36 | 104.12 |
| 13 | 42 | 1764 | -15.72 | 247.12 | 60.28 |
| 14 | 21 | 441 | -36.72 | 1348.36 | 16.11 |
| 15 | 24 | 576 | -33.72 | 1137.04 | 18.80 |
| 16 | 27 | 729 | -30.72 | 943.72 | 39.84 |
| 17 | 89 | 7921 | 31.28 | 978.44 | 96.28 |
| 18 | 91 | 8281 | 33.28 | 1107.56 | 97.68 |
| 19 | 35 | 1225 | -22.72 | 516.20 | 56.45 |
| 20 | 57 | 3249 | -0.72 | 0.52 | 86.68 |
| 21 | 35 | 1225 | -22.72 | 516.20 | 53.96 |
| 22 | 64 | 4096 | 6.28 | 39.44 | 96.64 |
| 23 | 73 | 5329 | 15.28 | 233.48 | 106.57 |
| 24 | 48 | 2304 | -9.72 | 94.48 | 76.41 |
| 25 | 30 | 900 | -27.72 | 768.40 | 35.80 |
| 平均 | 57.72 | 3933.4 | 0 | 601.80 | 74.57 |

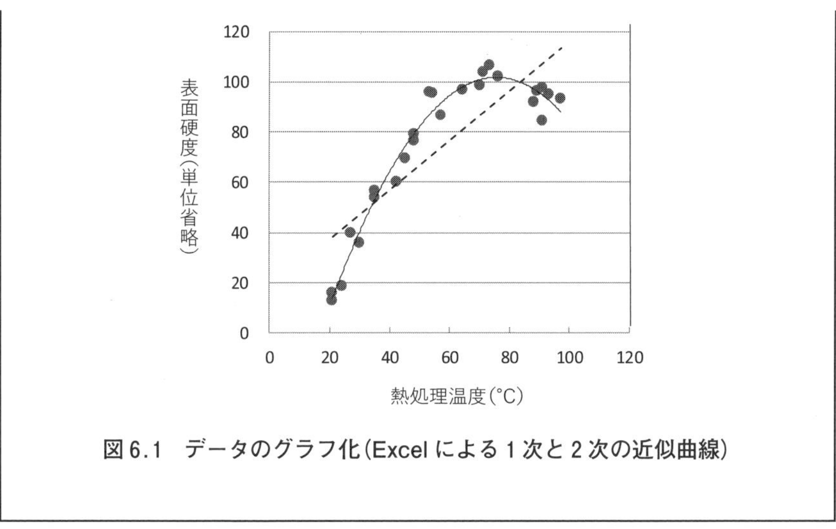


**図 6.1　データのグラフ化(Excel による 1 次と 2 次の近似曲線)**

## ■解析

**図 6.1** を見ると，直線回帰は不適当で，少なくとも 2 次式を想定すべきと思われる．一方，Excel の分析ツールの「相関」を用いて得られる**表 6.2** の相関行列（網掛け部）から，果たして，$x$ と$x^2$との相関は 0.9851 と高い．

**表 6.2　相関行列**

| | $x$ | $x^2$ | $x-\bar{x}$ | $(x-\bar{x})$ | $y$ |
|---|---|---|---|---|---|
| $x$ | 1 | | | | |
| $x^2$ | 0.9851 | 1 | | | |
| $x-\bar{x}$ | 1 | 0.9851 | 1 | | |
| $(x-\bar{x})^2$ | 0.1021 | 0.2716 | 0.1021 | 1 | |
| $y$ | 0.8402 | 0.7391 | 0.8402 | -0.4271 | 1 |

よって，$x$ の 2 次の項としては，$x$ との相関係数が 0.1021 と低い$(x-\bar{x})^2$を用いることにする．

(**手順 1**)　**表 6.1** を用いて$x_1=x$，$x_2=(x-\bar{x})^2$，$y$ の値を Excel のワークシートに入力する(入力表は省略)．

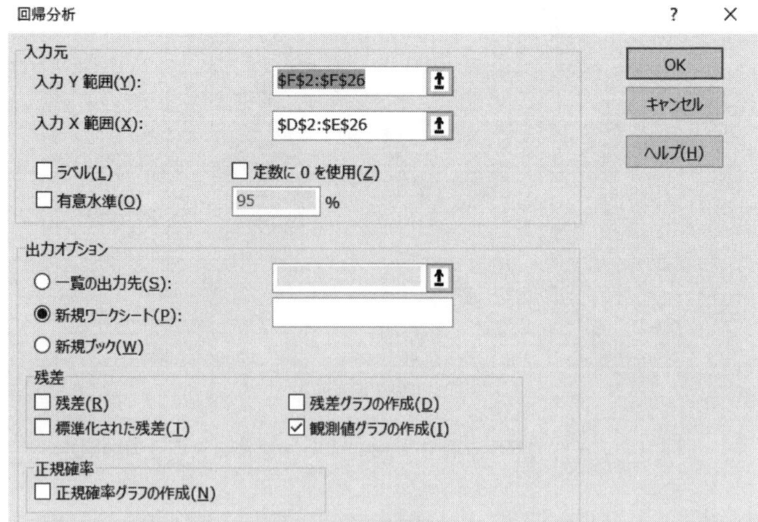


図 6.2　回帰分析の入力画面

表 6.3　表計算結果

| 回帰統計 | |
|---|---|
| 重相関 $R$ | 0.9858 |
| 重決定 $R^2$ | 0.9718 |
| 補正 $R^2$ | 0.9692 |
| 標準誤差 | 5.1841 |
| 観測数 | 25 |

得られた回帰式

$$(x-x)^2\,\dot{\eta} = 31.572 + 1.0543x - 0.0297(x-\bar{x})^2$$
$$= -67.277 + 4.4794x - 0.0297x^2$$
$$= 101.62 - 0.0297(x - 75.41)^2$$

分散分析表

| | 自由度 | 変動 | 分散 | 観測された分散比 | 有意 $F$ |
|---|---|---|---|---|---|
| 回帰 | 2 | 20373.6 | 10186.8 | 379.0 | 0.0 |
| 残差 | 22 | 591.3 | 26.9 | | |
| 合計 | 24 | 20964.8 | | | |

| |
|---|
| $F(2, 22;0.05)$=3.44 |
| $t(22, 0.05)$=2.074 |

表 6.3　つづき

| | 係数 | 標準誤差 | $t$ | $P$-値 | 下限 95% | 上限 95% |
|---|---|---|---|---|---|---|
| 切片 | 31.5720 | 2.8294 | 11.1585 | 0.0000 | 25.7042 | 37.4398 |
| $X$ 値 1 | 1.0543 | 0.0425 | 24.8149 | 0.0000 | 0.9662 | 1.1424 |
| $X$ 値 2 | -0.0297 | 0.0021 | -14.4003 | 0.0000 | -0.0339 | -0.0254 |

表 6.4　点予測値(一部省略)

残差出力

| 観測値 | 予測値：$Y$ | 残差 | 実測値：$y$ |
|---|---|---|---|
| 1 | 79.38 | -0.14 | 79.23 |
| 2 | 94.65 | -10.13 | 84.52 |
| 3 | 13.71 | -0.59 | 13.12 |
| 4 | 86.79 | 9.09 | 95.88 |
| 5 | 74.22 | -4.81 | 69.40 |
| 6 | 101.78 | 0.50 | 102.29 |
| 7 | 97.15 | -5.31 | 91.84 |
| ⋮ | ⋮ | ⋮ | ⋮ |
| 23 | 101.61 | 4.96 | 106.57 |
| 24 | 79.38 | -2.96 | 76.41 |
| 25 | 40.40 | -4.60 | 35.80 |

**(手順 2)**　Excel の分析ツールの「回帰分析」を選択する.

**(手順 3)**　**図 6.2** のように入力し「OK」をクリックする.

**(手順 4)**　指定したところに計算結果が表示される(**表 6.3**).

$F_0$値(観測された分散比)379.0 が $F$ 分布の 5%点 3.443 より大きいので回帰式は全体として有意で，統計的に意味のある式が得られた．また，$t_0$値($t$ 値)の絶対値が $t$ 分布の 5%点 2.074 より大きい 1 次項，2 次項ともに有意で

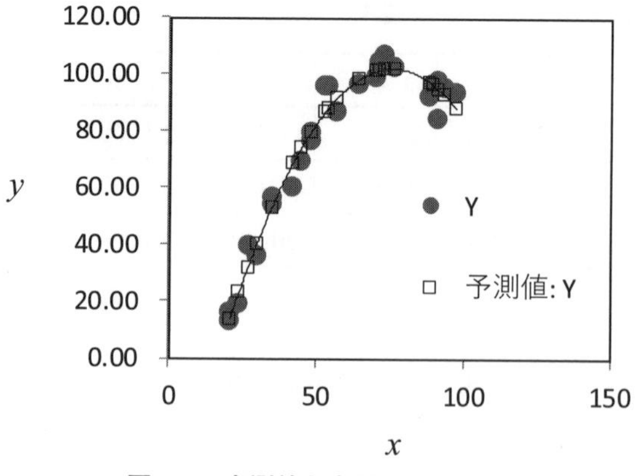


**図 6.3　実測値と点予測値の比較**

ある．また，2 次項の係数が負であるから，極大値が存在する．

**(手順 5)**　点予測値（一部省略）を**表 6.4** に示す．

得られた回帰式より，$x = 75.41$ のとき最大値 101.62 をとることがわかる．説明変数間の相関が小さくなるように，2 次項として$(x-\bar{x})^2$を用いたので，多重共線性の問題が回避されている．また，$x$ の 1 次項と 2 次項が無相関，もしくは無相関に近いなら，これらに対応する回帰係数は固有技術的に適切な解釈が可能となり，技術的な見通しがよくなる．

**(手順 6)**　実測値(観測値)と点予測値(点推定値)とを比較(**図 6.3**)すると，実測値と点予測値は，よく一致していることがわかる．

**(自由演習 6.1)**

2 次項として$x^2$を用いても．多重共線性が生じなければ，計算上は同じ式が得られるので，試してみよ．

**[例題 6.2]　直交実験の場合**

[例題 6.1]の実験の代わりに，等間隔の 5 水準($x = 20, 40, 60, 80, 100$)で繰り返し 5 回，計 25 回の 1 元配置実験を行ったとしよう．実験結

果を**表 6.5** と**図 6.4** に示す．この実験は直交実験であるので，**表 6.6** の相関行列において，$x$ と$x^2$の相関係数は 0.7625 であるが，2 次項を$(x-\bar{x})^2$や

**表 6.5　データ表(一部省略)**

| No. | $x$ | $(x-\bar{x})^2-800$ | $y$ |
|---|---|---|---|
| 1 | -40 | 800 | 10.35 |
| 2 | -40 | 800 | 1.45 |
| 3 | -40 | 800 | 9.85 |
| ⋮ | ⋮ | ⋮ | ⋮ |
| 7 | -20 | -400 | 60.16 |
| ⋮ | ⋮ | ⋮ | ⋮ |
| 25 | 40 | 800 | 77.80 |

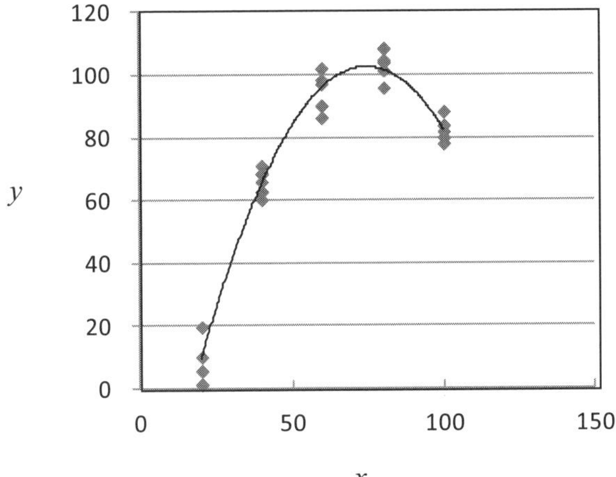


**図 6.4　データのグラフ化(Excel による 2 次の近似曲線)**

**表 6.6　相関行列**

| | $x$ | $x^2$ | $x-\bar{x}$ | $(x-\bar{x})^2$ | $(x-\bar{x})^2-800$ |
|---|---|---|---|---|---|
| $x$ | 1 | | | | |
| $x^2$ | 0.7625 | 1 | | | |
| $x-\bar{x}$ | 1 | 0.7625 | 1 | | |
| $(x-\bar{x})^2$ | 0 | -0.6095 | 0 | 1 | |
| $(x-\bar{x})^2-800$ | 0 | -0.6095 | 0 | 1 | 1 |

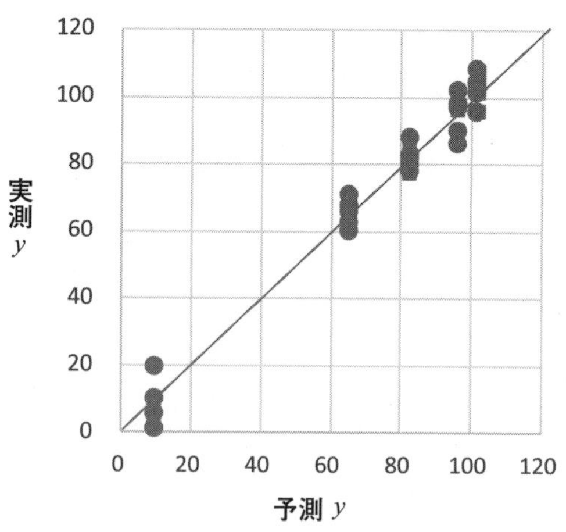


**図 6.5　実測値と予測値の比較**

**表 6.7　分散分析表**

| | 自由度 | 変動 | 分散 | 観測された分散比 | 有意 $F$ |
|---|---|---|---|---|---|
| 回帰 | 2 | 27530.98 | 13765.49 | 523.55 | 0.00 |
| 残差 | 22 | 578.44 | 26.29 | | |
| 合計 | 24 | 28109.41 | | | |

$(x-\bar{x})^2-800$(**付録 A** の直交多項式を参照)と置くと，$(x-\bar{x})$との相関係数は0となっている．**図 6.5** に予測値と実測値の比較を示した．両者はよく一致している．ちなみに，**表 6.7** の分散分析表において，$F_0$値(観測された分散比)は[例題 6.1]における分散分析表(**表 6.3**)より大きい．

## 6.4　区間予測について

Excel の分析ツールは，予測において点予測だけを出力する．実務では点予測で事足りる場合が多く，区間予測を必要とすることは少ない．しかし，一般に，予測には，点予測のほかに以下に述べる区間予測の方法がある．

回帰母数の推定値$\hat{\beta}_0$, $\hat{\beta}_1$, $\hat{\beta}_2$, ･･･, $\hat{\beta}_p$が求まると，得られた回帰式を用いて，説明変数の任意の点($x_{01}$, $x_{02}$, ･･･, $x_{0p}$)における母回帰の点予測値は式(6.2)で求めることができる．また，その分散$\widehat{Var}(\hat{\eta}_0)$は，データ数を$n$，残差分散(誤差分散)を$V_e$として，式(6.3)で求められる．式(6.2)において，各$x_{0j}$から$\bar{x}_j$ ($j=1, 2, \cdots, p$)を引いているのは，$\hat{\beta}_0$と$\hat{\beta}_1$, $\hat{\beta}_2$, …, $\hat{\beta}_p$との間の共分散を0にするためである．

$$\hat{\eta}=\hat{\beta}_0+\hat{\beta}_1(x_{01}-\bar{x}_1)+\hat{\beta}_2(x_{02}-\bar{x}_2)+\cdots+\hat{\beta}_p(x_{0p}-\bar{x}_p) \tag{6.2}$$

$$\widehat{Var}(\hat{\eta}_0)=\left\{1+\frac{1}{n}+\frac{D_0^2}{n-1}\right\}V_e \qquad D_0^2=(n-1)\boldsymbol{X}_0^T(\boldsymbol{X}^T\boldsymbol{X})^{-1}\boldsymbol{X}_0 \tag{6.3}$$

ここで，$\boldsymbol{X}$はデザイン行列，$D_0^2$は点$\boldsymbol{X}_0=(x_{01}, x_{02}, \cdots, x_{0p})$と平均$(\bar{x}_1, \bar{x}_2, \cdots, \bar{x}_p)$とのマハラノビス(汎)距離である(**付録B〜付録D**を参照されたい)．

$\eta$の信頼率100$(1-\alpha)$%における予測区間は，式(6.4)となる．

$$\eta_L^U=\hat{\eta}_0\pm t(\phi_e, \alpha)\sqrt{\left(1+\frac{1}{n}+\frac{D_0^2}{n-1}\right)V_e} \tag{6.4}$$

一方，予測に比べて使用頻度は低いが，母回帰(母平均)の区間推定では，式(6.4)の$\sqrt{\ }$の中にある$1+1/n+D_0^2/(n-1)$から1を引いて，$1/n+D_0^2/(n-1)$とすればよい．

次に，[例題6.1]を例にとって，Excelの行列関数を用いて区間予測を計算する方法を示す．行列関数の使い方は，**1.7.2項**を参照されたい．

**[行列関数による予測限界の求め方]**

行列関数によるNo.1の実験点$\boldsymbol{X}_0$に対する予測限界の求め方の実行手順を以下に示す．No.2以降も$\boldsymbol{X}_0$と$\boldsymbol{X}_0^T$を実験点No.に対応して作成すれば，同様にして求めることができる．この場合，$\boldsymbol{X}_0^T=\left(x_0-\bar{x},\ (x_0-\bar{x})^2-\overline{(x_0-\bar{x})^2}\right)$である．結果を**表6.8**に示す．

**(手順1)** 左上部分に情報行列$\boldsymbol{X}^T\boldsymbol{X}$を計算する．分析ツールの共分散を選択して，分散・共分散行列を作り，それをデータ数倍(今の場合，$n=25$倍)

**表 6.8 区間予測の計算結果**

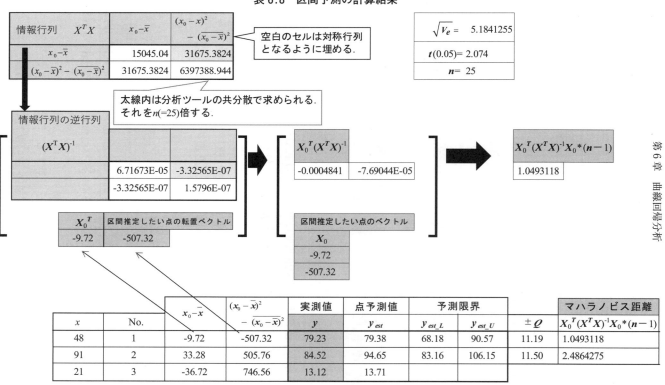

| 情報行列 $X^TX$ | $x_0-\bar{x}$ | $(x_0-x)^2-\overline{(x_0-\bar{x})^2}$ |
|---|---|---|
| $x_0-\bar{x}$ | 15045.04 | 31675.3824 |
| $(x_0-\bar{x})^2-\overline{(x_0-\bar{x})^2}$ | 31675.3824 | 6397388.944 |

空白のセルは対称行列となるように埋める.

太線内は分析ツールの共分散で求められる.それを$n$(=25)倍する.

| $\sqrt{V_e}$ = | 5.1841255 |
|---|---|
| $t(0.05)$= 2.074 | |
| $n$= 25 | |

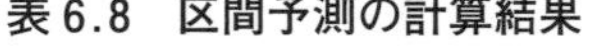

| 情報行列の逆行列 $(X^TX)^{-1}$ | | |
|---|---|---|
| | 6.71673E-05 | -3.32565E-07 |
| | -3.32565E-07 | 1.5796E-07 |

| $X_0^T$ | 区間推定したい点の転置ベクトル |
|---|---|
| -9.72 | -507.32 |

| $X_0^T(X^TX)^{-1}$ | |
|---|---|
| -0.0004841 | -7.69044E-05 |

| 区間推定したい点のベクトル $X_0$ |
|---|
| -9.72 |
| -507.32 |

| $X_0^T(X^TX)^{-1}X_0*(n-1)$ |
|---|
| 1.0493118 |

| | | | | 実測値 | 点予測値 | 予測限界 | | | マハラノビス距離 |
|---|---|---|---|---|---|---|---|---|---|
| $x$ | No. | $x_0-\bar{x}$ | $(x_0-\bar{x})^2-\overline{(x_0-\bar{x})^2}$ | $y$ | $y_{est}$ | $y_{est\_L}$ | $y_{est\_U}$ | $\pm Q$ | $X_0^T(X^TX)^{-1}X_0*(n-1)$ |
| 48 | 1 | -9.72 | -507.32 | 79.23 | 79.38 | 68.18 | 90.57 | 11.19 | 1.0493118 |
| 91 | 2 | 33.28 | 505.76 | 84.52 | 94.65 | 83.16 | 106.15 | 11.50 | 2.4864275 |
| 21 | 3 | -36.72 | 746.56 | 13.12 | 13.71 | | | | |

すればよい．空白部分は，対称行列となるように，コピー＆ペーストして埋める．

**(手順 2)** 行列関数 MINVERSE を用いて，情報行列の逆行列$(\boldsymbol{X}^T\boldsymbol{X})^{-1}$を作る．

**(手順 3)** No.1 の実験の$(x_0-\bar{x})$と$(x_0-\bar{x})^2-\overline{(x_0-\bar{x})^2}$をコピー＆ペーストして区間推定したい実験点の転置ベクトル$\boldsymbol{X}_0^T$を作る．

**(手順 4)** 行列関数 MMULT を用いて，$\boldsymbol{X}_0^T$と$(\boldsymbol{X}^T\boldsymbol{X})^{-1}$との積を求める．

**(手順 5)** 行列関数 TRANSPOSE を用いて，区間推定したい実験点の転置ベクトルから，区間推定したい実験点ベクトル$\boldsymbol{X}_0$を求める．

**(手順 6)** 行列関数 MMULT を用いて，手順 4 で求めた$\boldsymbol{X}_0^T(\boldsymbol{X}^T\boldsymbol{X})^{-1}$と$\boldsymbol{X}_0$との積$\boldsymbol{X}_0^T(\boldsymbol{X}^T\boldsymbol{X})^{-1}\boldsymbol{X}_0$を求める．

**(手順 7)** (手順 6)で求めた$\boldsymbol{X}_0^T(\boldsymbol{X}^T\boldsymbol{X})^{-1}\boldsymbol{X}_0$に$(n-1)$をかけてマハラノビス距離$D_0^2$を求め，式(6.4)から予測限界を求める．

> **(自由演習 6.2)**
> [例題 2.1]を曲線回帰し，2 次が有意でないことを確認してみよ．

## 6.5 おわりに

曲線回帰分析について Excel の分析ツールで計算できる範囲で解説してきた．回帰分析においては，1 次項だけでなく，2 次や，交互作用項，例えば，$x_1x_2$ などをモデルに追加することに意味のあることも多い．この方法により，重回帰分析の適用範囲が広がるので，実務で活用してほしい．

# 第7章
# 判別分析

第4章の数量化理論Ⅰ類とは逆に，量的変数から質的変数を予測する手法が判別分析である．例えば，血液検査の結果などから，脳卒中に「なる／ならない」を予測するといった場合が例示される．グループ間に境界を設けることで判別するので，かかる境界を求めることが主題となる．そのため，判定に影響する変数を見つけ，問題・課題への対応を図る[1][2]．

## 7.1　適用場面と活用の仕方

複数の変数からなるデータセットがあるとき，判別分析は，これらのデータが，それぞれ，2つ以上のグループのどれかに分類できるとして，どのグループに属するかを知りたい場合に適用する．以下のような活用場面が想定できる．

① 製品の「適合／不適合」を決める原料特性・製造条件を知りたい．

② 症状や各種検査結果から特定の病気であるか否かを知りたい．

③ 顧客満足度として，「施設をリピート利用する／しない」「商品に満足する／しない」のように2グループに分けてアンケート調査した結果をもとに，各グループの特性を知りたい．

④ 新製品の「購入した／購入しなかった」を分けている原因を知りたい．

⑤ 顧客を「自社贔屓（ひいき）」と「他社贔屓」に分け，両者の差異を明らかにしたい．

⑥ 各種経営指標から，企業の健全性を知りたい．

生産条件，営業活動，市場・消費者・顧客はよく似たいくつかのグループに分かれて構成されていると考えられることが多い．そのグループ分けの一助になる統計解析手法が判別分析である．

グループを分けるのに有効な変数は，重回帰分析の説明変数に該当し，グループ分けされる特性は，同じく目的変数に該当する．グループは2群だけでなく3群以上であってもよいし，判別式は線形式(直線，平面，超平面)だけでなく2次でもよいが，ここでは．2群の線形判別分析を中心に説明する．

## 7.2　判別分析とは

線形判別分析では以下の前提条件を置く．(　)内は2群の場合を示す．

① 各グループ(群1, 群2)は多変量正規分布($x_1$，$x_2$の2次元正規分布)している．

② すべてのグループ(群1, 群2)が同じ分散・共分散行列をもつ(等分散性)．

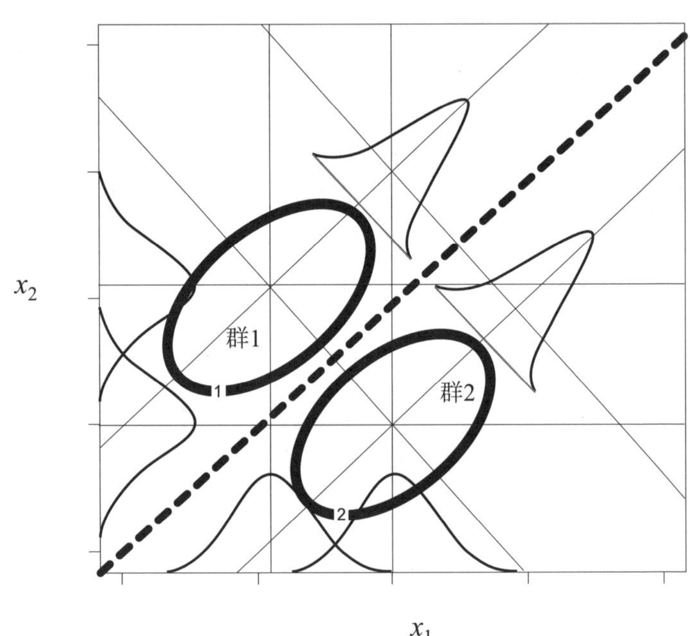


**図7.1　判別関数の考え方の説明図**

③　そのうえで，距離(マハラノビス距離：**7.3 節**参照)が等しいところに境界面(境界線)を引く．これを判別関数という．

判別分析の考え方を**図 7.1** を用いて説明する．図において，群 1 と群 2 は群内相関があるので 2 次元正規分布の軸は傾いている．このまま，$x$ 軸もしくは $y$ 軸と平行な方角から見れば，2 つの群は分離できない．

破線のように判別関数を引くことができたなら，この判別関数の直線と平行な方角から 2 つの群を見れば明確に分けることができる．

## 7.3　判別分析の考え方

判別分析の考え方には，マハラノビス(汎)距離を用いる方法と重回帰を用いる方法の 2 つがある．後者のほうがわかりやすく，使いやすい．

**図 7.2** はある学年における生徒の理科の点数($x_1$)と数学の点数($x_2$)の散布図である．理科の点数の高い人は数学の点数も高い傾向(正の相関)にあることがわかる．A さんと B さんは中心からの距離は同じである(同じ円の周に位置する)が，見た目の直観でいくと，A さんはこの集団(楕円)の内にいるが，B さんはそうではないように見える．すなわち，相関がある場合は，物理的な距離ではなく，相関を考慮した距離を物差しとする必要のあることがわかる．この物差しがマハラノビス距離である．

### 7.3.1　マハラノビス距離による方法

$x_1$，$x_2$は母相関係数 $\rho$ の 2 次元正規分布をしているものとする．母平均と母分散を，それぞれ，$\mu_1$，$\sigma_1^2$，$\mu_2$，$\sigma_2^2$とする．$x_1$，$x_2$を規準化した$u_1$，$u_2$は式(7.1)であり，マハラノビス距離は式(7.2)で与えられる[1)]．

$$u_1=\frac{x_1-\mu_1}{\sigma_1},\quad u_2=\frac{x_2-\mu_2}{\sigma_2} \tag{7.1}$$

1）　式(7.2)において，無相関($\rho = 0$)のときは $u_1^2+u_2^2$ となり，物理的な距離と一致する．

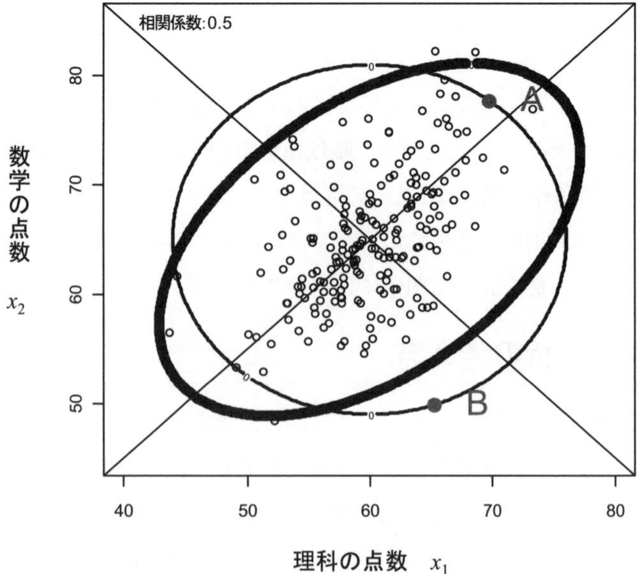


**図 7.2　マハラノビス距離**

$$D^2 = \frac{u_1^2 - 2\rho u_1 u_2 + u_2^2}{1-\rho^2} \quad \text{（第6章の式(6.3)と基本は同じ）} \qquad (7.2)$$

**図 7.2** における点 A，B のマハラノビス距離を具体的に計算してみよう．

**図 7.2** では，$x_1$，$x_2$の母相関係数を$\rho=0.5$，$x_1$の母平均を 60，母分散を $5^2$，$x_2$の母平均を 65，母分散を $6^2$と置いている．

- $B=(67,\ 50)$について：$u_1 = \frac{67-60}{5} = 1.4$，$u_2 = \frac{50-65}{6} = -2.5$

  よって，$D_B^2 = \frac{1.4^2 - 2\times0.5\times1.4\times(-2.5)+(-2.5)^2}{1-0.5^2} = 15.613$

- $A=(72,\ 78)$について：$u_1 = \frac{72-60}{5} = 2.4$，$u_2 = \frac{78-65}{6} = 2.167$

  よって，$D_A^2 = \frac{2.4^2 - 2\times0.5\times2.4\times2.167+2.167^2}{1-0.5^2} = 7.006$

マハラノビス距離で比較すると，点Aより点Bのほうが分布の中心からの距離が遠いので，見た目の直観に一致する．すなわち，点B，点Aの分布の中心からのマハラノビス距離を式(7.2)により計算すると，$D_B^2-D_A^2$は正であり，点Bは点Aより分布の中心から遠いことがわかる．

判別関数$z$は，定数項を別に考え，$a_1$，$a_2$を係数として$x_1$と$x_2$の線形結合として，$z=a_1x_1+a_2x_2$と表すことができる．$x_1$，$x_2$にかかる係数を$\boldsymbol{a}=(a_1,\ a_2)^T$とすると，$z$は式(7.3)のように表される．誘導は省略するが，$x_1$，$x_2$の分散・共分散行列を$\boldsymbol{\Sigma}$と置き，$\boldsymbol{\Sigma}$と$\boldsymbol{a}$の積$\boldsymbol{\Sigma a}$を考えると，これは，各$x_1$，$x_2$の群1(添え字①)と群2(添え字②)間の平均差$\boldsymbol{\delta}=(\boldsymbol{\delta}_1,\ \boldsymbol{\delta}_1)^T$に等しくなる．$\boldsymbol{\Sigma}$と$\boldsymbol{\delta}$はデータから計算できるので，$\boldsymbol{\Sigma a}=\boldsymbol{\delta}$の両辺に左から$\boldsymbol{\Sigma}^{-1}$をかけ，$\boldsymbol{\Sigma}^{-1}\boldsymbol{\Sigma a}=\boldsymbol{\Sigma}^{-1}\boldsymbol{\delta}$，すなわち，$\boldsymbol{a}=\boldsymbol{\Sigma}^{-1}\boldsymbol{\delta}$より未知の$\boldsymbol{a}$が推定できる[2]．具体的手順は，数値例で後述する．

$$z=a_1\left(x_1-\frac{\mu_{1①}+\mu_{1②}}{2}\right)+a_2\left(x_2-\frac{\mu_{2①}+\mu_{2②}}{2}\right) \tag{7.3}$$

## 7.3.2　回帰分析による方法

次に，重回帰分析のプログラム(Excelにアドインされた分析ツールの「回帰分析」)を用いることを考えよう．上記のように，こちらの方法のほうが使いやすいので，回帰分析による方法を推奨する．

変数の数を$p$として，まず，$\boldsymbol{x}^T=(x_1,\ x_2,\ \cdots,\ x_p)$を，$\boldsymbol{w}=(w_1,\ w_2,\ \cdots,\ w_p)$で重み付けした線形結合，式(7.4)を考える．

$$z=w_1x_1+w_2x_2+\cdots+w_px_p \tag{7.4}$$

線形判別分析に供するためには，$z$の正負で群分けができるような重み$w$をデータから決定すればよい．そこで，式(7.5)の回帰モデルを考えると，式(7.4)の$w_j(j=1,\ 2,\ \cdots,\ p)$は，式(7.5)の回帰係数$\beta_j(j=1,\ 2,\ \cdots,\ p)$として推定可能となる．

---

2)　マハラノビス距離を用いる方法については，**付録**Bおよび**付録**Dを参照されたい．

$$y = \beta_0 + \beta_1 x_1 + \beta_2 x_2 + \cdots + \beta_p x_p + e \tag{7.5}$$

データ $y$ の値の与え方は一意的ではないが，1群(例えば適合品)に“1”，2群(例えば不適合品)に“－1”のように，正負の値を付与する．さらには，全データ数を $n$，群1のデータ数を $n_1$，群2のデータ数を $n_2 (= n - n_1)$ としたとき，群1には $n_2/n$，群2には $-n_1/n$ を与える．この与え方により回帰係数の推定値は変化するが，各回帰係数の比は一定であるので，判別(正の値か負の値)という点では支障は生じない．

## 7.4　適用例

ある国家試験の合格／不合格と当該国家試験の模擬試験の結果との関連について検討したい．そこで，**表7.1**のように過去の模擬試験と国家試験についてのデータを収集した．関連性がわかれば，模擬試験の実施機関は改善のヒントが得られる．また，受験者は，合格ラインに対して自分がどのような位置にいるのかを推定することもできる．

**表7.1　模擬試験結果と国家試験の合否**

| 受験者No. | 一般教養 | 専門知識1 | 専門知識2 | … | 口頭試問 | 国家試験の合否 |
|---|---|---|---|---|---|---|
| 1 | 65 | 81 | 69 | … | 70 | 合格 |
| 2 | 60 | 56 | 62 | … | 60 | 不合格 |
| 3 | 75 | 62 | 87 | … | 85 | 合格 |
| ⋮ | ⋮ | ⋮ | ⋮ | ⋱ | ⋮ | ⋮ |
| $n$ | 80 | 54 | 55 | … | 60 | 不合格 |

## 7.5　解析の方法

次の例題を考えよう．

[例題 7.1]

ある射出成形品は．外観(特性 $y$)が重要な特性である．そこで，成形条件の因子である射出圧力($x_1$)と射出速度($x_2$)を取り上げ，特性 $y$ との関係を調べてみた．その結果，**表 7.2** のデータが得られた．判別分析を行ってみよう．なお，外観が適合の場合と同不適合の場合が 6 例ずつなので，適合品を 1，不適合品を − 1 と置いた．

**表 7.2　成形品の外観と射出成形条件の関係(数値変換済みで単位は省略)**

| | A | B | C | D | E | F |
|---|---|---|---|---|---|---|
| 1 | № | $x_1$ | $x_2$ | $y$ | $y_{est}$ | 判定結果 |
| 2 | 1 | 33 | 30 | 1 | -0.596 | no |
| 3 | 2 | 38 | 55 | -1 | -0.004 | OK |
| 4 | 3 | 47 | 70 | 1 | 0.214 | OK |
| 5 | 4 | 20 | 50 | 1 | 0.266 | OK |
| 6 | 5 | 12 | 35 | 1 | 0.025 | OK |
| 7 | 6 | 25 | 70 | 1 | 0.717 | OK |
| 8 | 7 | 3 | 30 | -1 | 0.090 | no |
| 9 | 8 | 35 | 45 | -1 | -0.218 | OK |
| 10 | 9 | 16 | 50 | 1 | 0.358 | OK |
| 11 | 10 | 30 | 60 | -1 | 0.320 | no |
| 12 | 11 | 23 | 20 | -1 | -0.650 | OK |
| 13 | 12 | 36 | 35 | -1 | -0.523 | OK |
| 14 | 計 | 318 | 550 | 0 | 0 | |
| 15 | 平均 | 26.5 | 45.83 | 0 | 0 | |

**■解析**

**(手順 1)**　**表 7.2** にある $x_1$，$x_2$，$y$ の値を Excel のワークシートに入力する．

**(手順 2)**　Excel の分析ツールの「回帰分析」を選択する．

**(手順 3)**　**図 7.3** のように入力し「OK」をクリックする．

**(手順 4)**　指定したところに計算結果が表示される(**表 7.3**)．

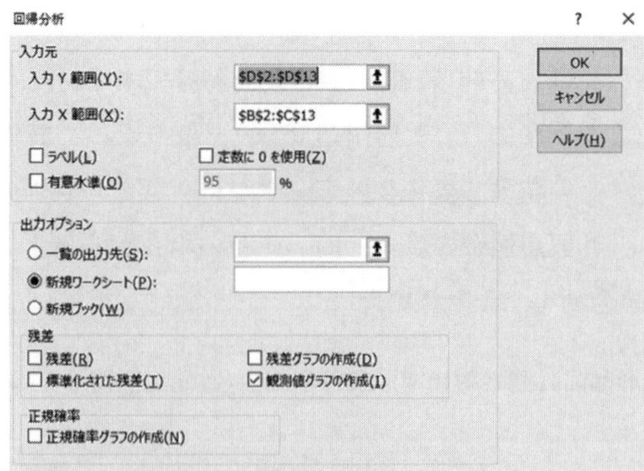


**図 7.3　回帰分析の入力画面**

**表 7.3　成形品の外観と射出条件の関係**

| 回帰統計 | |
|---|---|
| 重相関 $R$ | 0.4052 |
| 重決定 $R^2$ | 0.1642 |
| 補正 $R^2$ | -0.0216 |
| 標準誤差 | 1.0557 |
| 観測数 | 12 |

$F(2, 9; 0.05) = 4.256$
$t(9, 0.05) = 2.262$

分散分析表

| | 自由度 | 変動 | 分散 | 観測された分散比 | 有意 $F$ |
|---|---|---|---|---|---|
| 回帰 | 2 | 1.970 | 0.985 | 0.884 | 0.446 |
| 残差 | 9 | 10.030 | 1.114 | | |
| 合計 | 11 | 12 | | | |

| | 係数 | 標準誤差 | $t$ | $P$-値 | 下限 95% | 上限 95% |
|---|---|---|---|---|---|---|
| **切片** | -0.68938 | 1.00383 | -0.6867 | 0.5095 | -2.9602 | 1.5814 |
| **$X$ 値 1** | -0.02287 | 0.02835 | -0.8066 | 0.4407 | -0.0870 | 0.0413 |
| **$X$ 値 2** | 0.02826 | 0.02173 | 1.3007 | 0.2257 | -0.0209 | 0.0774 |

$F_0$値(観測された分散比)0.884 が $F$ 分布の 5%点 4.256 より小さいので，この式は統計的に有意ではないが，回帰母数は，**表 7.3** の○の中に計算され，判別関数は，$y = -0.68938 - 0.02287x_1 + 0.02826x_2$となっている．

とりあえず，この式を使って Excel の表計算の基本機能を用いて $y$ を推定した結果 $y_{est}$を**表 7.2** に併記した．また，データと判別関数を**図 7.4** に示した．直線が判別関数で，白抜き□○の 3 点が誤判定である．よって，判定が正しかった割合，すなわち，判定効率は 9/12 = 0.75 である．

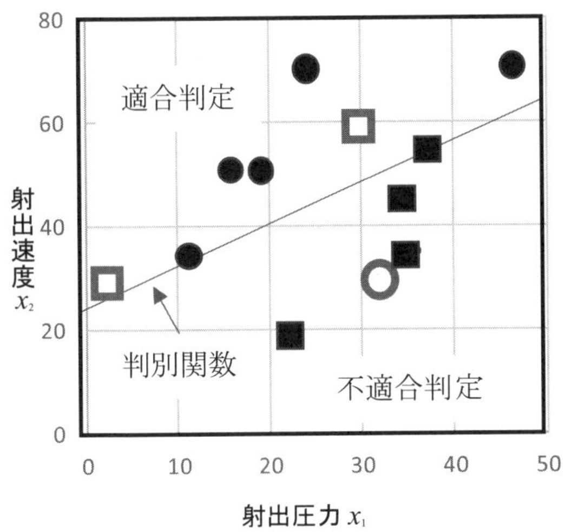


注）●：適合品・判定適合，○：適合品・判定不適合，■：不適合品・判定不適合，□：不適合品・判定適合

**図 7.4 データと判別関数の図示**

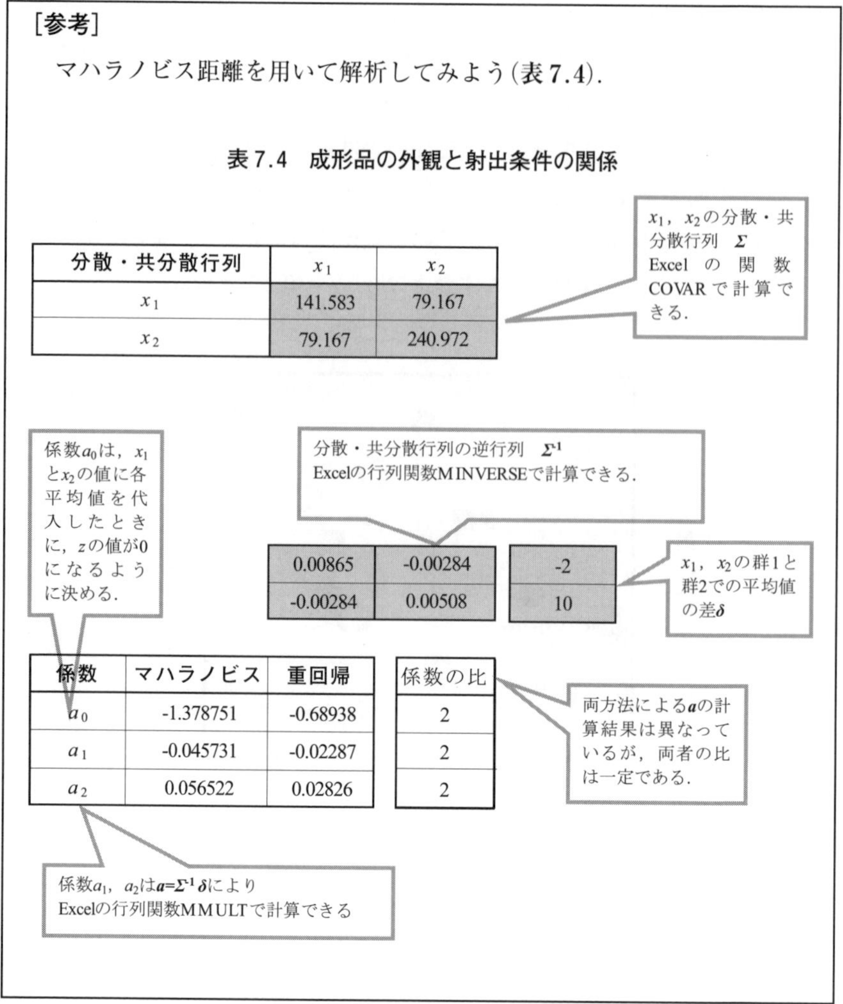

[参考]

マハラノビス距離を用いて解析してみよう(**表 7.4**).

**表 7.4　成形品の外観と射出条件の関係**

| 分散・共分散行列 | $x_1$ | $x_2$ |
|---|---|---|
| $x_1$ | 141.583 | 79.167 |
| $x_2$ | 79.167 | 240.972 |

| | |
|---|---|
| 0.00865 | -0.00284 |
| -0.00284 | 0.00508 |

| |
|---|
| -2 |
| 10 |

| 係数 | マハラノビス | 重回帰 |
|---|---|---|
| $a_0$ | -1.378751 | -0.68938 |
| $a_1$ | -0.045731 | -0.02287 |
| $a_2$ | 0.056522 | 0.02826 |

| 係数の比 |
|---|
| 2 |
| 2 |
| 2 |

$x_1$, $x_2$の分散・共分散行列 $\boldsymbol{\Sigma}$ Excel の関数COVARで計算できる.
係数$a_0$は，$x_1$と$x_2$の値に各平均値を代入したときに，$z$の値が0になるように決める.
分散・共分散行列の逆行列 $\boldsymbol{\Sigma}^{-1}$ Excelの行列関数MINVERSEで計算できる.
$x_1$, $x_2$の群1と群2での平均値の差$\boldsymbol{\delta}$
両方法による$\boldsymbol{a}$の計算結果は異なっているが，両者の比は一定である.
係数$a_1$, $a_2$は$\boldsymbol{a}=\boldsymbol{\Sigma}^{-1}\boldsymbol{\delta}$により
Excelの行列関数MMULTで計算できる

[例題 7.2]

先の[例題 7.1]では，得られた判別関数は有意ではなく，判定効率も0.75にとどまった．このままでは不十分なので，第3の因子として金型温度($x_3$)を取り上げ，3つの因子で判別関数を求めてみよう．$x_3$を含め，

表 7.5 成形品の外観と射出成形条件の関係(数値変換済みで単位は省略)

| | A | B | C | D | E | F | G |
|---|---|---|---|---|---|---|---|
| 1 | № | $x_1$ | $x_2$ | $x_3$ | $y$ | $y_{est}$ | 判定結果 |
| 2 | 1 | 33 | 30 | 8 | 1 | 0.811 | OK |
| 3 | 2 | 38 | 55 | 21 | -1 | -0.545 | OK |
| 4 | 3 | 47 | 70 | 15 | 1 | 0.229 | OK |
| 5 | 4 | 20 | 50 | 23 | 1 | 0.031 | OK |
| 6 | 5 | 12 | 35 | 15 | 1 | 1.150 | OK |
| 7 | 6 | 25 | 70 | 14 | 1 | 1.591 | OK |
| 8 | 7 | 3 | 30 | 34 | -1 | -1.140 | OK |
| 9 | 8 | 35 | 45 | 20 | -1 | -0.532 | OK |
| 10 | 9 | 16 | 50 | 19 | 1 | 0.810 | OK |
| 11 | 10 | 30 | 60 | 25 | -1 | -0.511 | OK |
| 12 | 11 | 23 | 20 | 21 | -1 | -0.735 | OK |
| 13 | 12 | 36 | 35 | 22 | -1 | -1.158 | OK |
| 14 | 計 | 318 | 550 | 237 | 0 | | |
| 15 | 平均 | 26.5 | 45.83 | 19.75 | 0 | | |

改めて**表 7.5** にデータを示す.

■**解析**

(**手順 1**) **表 7.5** の $x_1$, $x_2$, $x_3$, $y$ の値を Excel のワークシートに入力する.

(**手順 2**) Excel の分析ツールの「回帰分析」を選択する.

(**手順 3**) **図 7.5** のように入力し「OK」をクリックする.

(**手順 4**) 指定したところに計算結果が表示される(**表 7.6**).

$F_0$値(観測された分散比)8.936 が $F$ 分布の 5%点 4.066 より大きいので，得られた判別関数は統計的に意味のある式であり，3 つの偏回帰係数も，$t_0$値($t$ 値)が $t$ 分布の 5%点 2.306 より大きく，有意である．結果も，$x_3$を加えることで判定効率は 100%となり，改善が見られた(**表 7.5**).

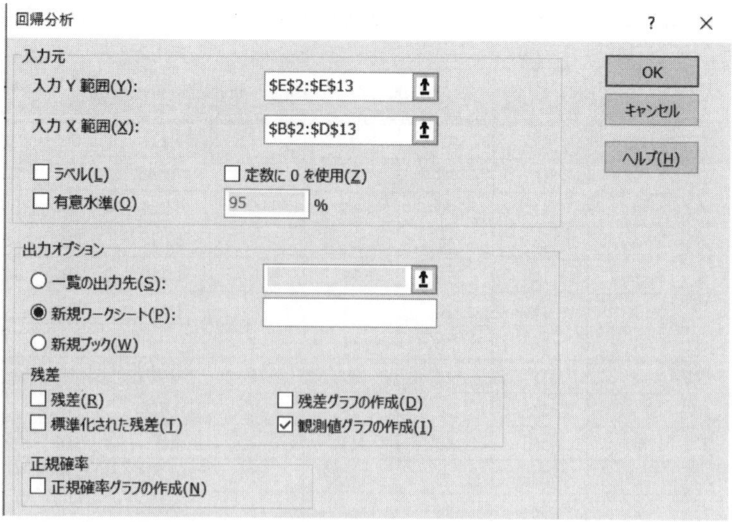

**図 7.5　回帰分析の入力画面**

**表 7.6　計算結果**

| 回帰統計 | |
|---|---|
| 重相関 $R$ | 0.8776 |
| 重決定 $R^2$ | 0.7702 |
| 補正 $R^2$ | 0.6840 |
| 標準誤差 | 0.5872 |
| 観測数 | 12 |

$F(3, 8; 0.05)=4.066$

$t(8, 0.05)=2.306$

**分散分析表**

| | 自由度 | 変動 | 分散 | 観測された分散比 | 有意 $F$ |
|---|---|---|---|---|---|
| 回帰 | 3 | 9.242 | 3.081 | 8.936 | 0.006 |
| 残差 | 8 | 2.758 | 0.345 | | |
| 合計 | 11 | 12 | | | |

表 7.6　つづき

| | 係数 | 標準誤差 | $t$ | $P$-値 | 下限 95% | 上限 95% |
|---|---|---|---|---|---|---|
| 切片 | 2.88019 | 0.95699 | 3.010 | 0.01682 | 0.67338 | 5.08701 |
| $X$ 値 1 | -0.05558 | 0.01730 | -3.212 | 0.01238 | -0.09547 | -0.01568 |
| $X$ 値 2 | 0.02926 | 0.01209 | 2.421 | 0.04179 | 0.00139 | 0.05713 |
| $X$ 値 3 | -0.13917 | 0.03030 | -4.593 | 0.00177 | -0.20905 | -0.06929 |

[参考]

マハラノビス距離を用いて解析してみよう(表 **7.7**).

表 7.7　成形品の外観と射出条件の関係

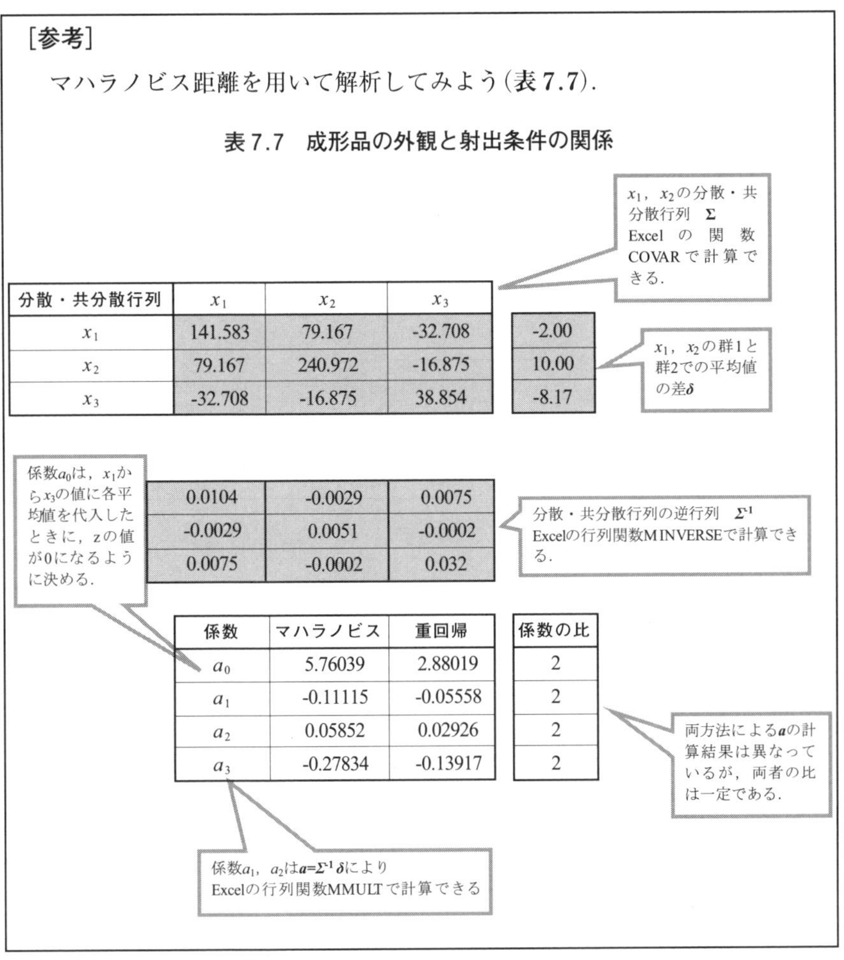

| 分散・共分散行列 | $x_1$ | $x_2$ | $x_3$ |
|---|---|---|---|
| $x_1$ | 141.583 | 79.167 | -32.708 |
| $x_2$ | 79.167 | 240.972 | -16.875 |
| $x_3$ | -32.708 | -16.875 | 38.854 |

| |
|---|
| -2.00 |
| 10.00 |
| -8.17 |

| | | |
|---|---|---|
| 0.0104 | -0.0029 | 0.0075 |
| -0.0029 | 0.0051 | -0.0002 |
| 0.0075 | -0.0002 | 0.032 |

| 係数 | マハラノビス | 重回帰 | 係数の比 |
|---|---|---|---|
| $a_0$ | 5.76039 | 2.88019 | 2 |
| $a_1$ | -0.11115 | -0.05558 | 2 |
| $a_2$ | 0.05852 | 0.02926 | 2 |
| $a_3$ | -0.27834 | -0.13917 | 2 |

$x_1$, $x_2$の分散・共分散行列　Σ
Excel の関数 COVAR で計算できる.
$x_1$, $x_2$の群1と群2での平均値の差$\boldsymbol{\delta}$
係数$a_0$は, $x_1$から$x_3$の値に各平均値を代入したときに, zの値が0になるように決める.
分散・共分散行列の逆行列　$\Sigma^{-1}$
Excelの行列関数MINVERSEで計算できる.
両方法による$\boldsymbol{a}$の計算結果は異なっているが, 両者の比は一定である.
係数$a_1$, $a_2$は$\boldsymbol{a}=\Sigma^{-1}\boldsymbol{\delta}$により
Excelの行列関数MMULTで計算できる

**(自由演習 7.1)**

[例題 7.1]では，成形条件の因子である射出圧力($x_1$)と射出速度($x_2$)を取り上げ，特性$y$との関係を検討した．説明変数を2個として1つを金型温度($x_3$)と考える場合，$x_1$と$x_3$，$x_2$と$x_3$の2つのケースが考えられるので，それぞれ，判別分析を試してみよ．

## 7.6 おわりに

判別分析についてExcelの分析ツールで計算できる範囲で解説してきた．判別が必要な場面は多くあるので，ぜひ実務で活用してほしい．

# 第8章
# 主成分分析

## 8.1　主成分分析とは

主成分分析とは，多数ある変数の相関関係を互いに無相関な少数個の総合特性値(主成分)に要約する方法である[1]．大量のデータを要約して，データからその根底にある基本的な構造を明らかにする多変量解析法の中心的な手法である．

数理的に主成分分析は，出発行列である相関行列の固有値問題である．しかし，本章では深く立ち入らず，Excelのソルバーを活用するための方法について述べる(詳細は**付録E**を参照されたい)．

> **[適用例]**
>
> 下記の[例題8.1][例題8.2]をはじめとして，主成分分析の適用例を例示すると，①企業や商品を少数の指標で評価，②売上データから販売力を構成する要因の検討，③社内試験・内申書の結果による社員の能力評価，④生産業務や研究開発業務での変数の要約，⑤新製品に対する市場調査，⑥アンケート調査結果の解析，⑦画像解析や波形解析において可視化された画像の鮮明化，などが挙げられる．

## 8.2　主成分分析の概要

下記の[例題8.1]で，財務力などの変数$X$の評価値を$X_{jk}$とすると，変数$X_{jk}$と固有ベクトル$\boldsymbol{a}^T=(a_{i1}, a_{i2}, \cdots, a_{ik}, \cdots, a_{im})$との積和は主成分得点$Z_{ij}$になり，

式(8.1)で表すことができる．各記号の意味も併記する．

$$Z_{ij}=a_{i1}X_{j1}+a_{i2}X_{j2}+\cdots+a_{im}X_{jm} \tag{8.1}$$

変数 $X$ の数，主成分 $Z$ の数，固有値の数：$m$

主成分 $Z$ の No.：$i\,(i=1, 2, \cdots, m)$

変数 $X$ の No.：$k\,(k=1, 2, \cdots, m)$

サンプルの数：$n$

サンプル No.：$j\,(j=1, 2, \cdots, n)$

$X_{jk}$：$k$ 番目の変数 $X$ の $j$ 番目のサンプルの評価値

$Z_{ij}$：$i$ 番目の主成分 $Z$ の $j$ 番目のサンプルの主成分得点

$\boldsymbol{a}^T$：固有ベクトルで，その要素($a_{ik}$)は $i$ 番目の主成分 $Z$ の $k$ 番目の要素

式(8.1)で，主成分得点は $m$ 個の評価項目に固有ベクトルの要素を重みとした総合評価と見れる．重みなので固有値の大きさが重要である．

主成分得点，変数，固有ベクトルの関係を**図8.1**に図示しておく．

主成分分析に際しては，あらかじめ，元の変数 $X$ をその平均値と標準偏差で規準化しておく[1)]．これは，変数による単位の影響の除去や，ばらつきのレベルを揃えるためである．固有値の数，変数の数，主成分の数は等しいので，

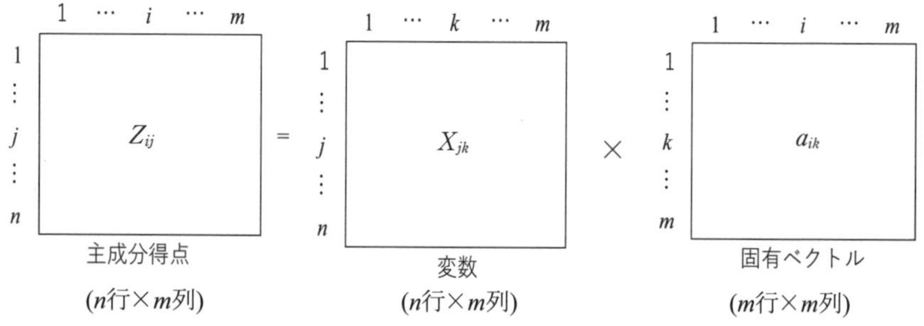


**図8.1　主成分得点 $Z_{ij}$，変数 $X_{jk}$，固有ベクトル a の関係**

1）規準化をしないで，分散共分散行列を出発行列として用いて主成分分析を実施する場合もある．

$m$ は各演算で主成分の数，固有値の数，変数の数として用いる[2]．式(8.1)は，和を表す記号Σを用いて式(8.2)のように書ける．そして，$i$ 番目の主成分の分散 $V_i$ は式(8.3)であるから，$a_{ik}$ の関数となっている．また，式(8.4)のように，主成分ごとの固有ベクトルの要素の2乗和は1になるようにする．

$$Z_{ij}=\sum_{k=1}^{m} X_{jk}a_{ik} \tag{8.2}$$

$$V_i=\frac{1}{n-1}\sum_{j=1}^{n}(Z_{ij}-\overline{Z}_i)^2 \tag{8.3}$$

$$a_{i1}^2+a_{i2}^2+\cdots+a_{ik}^2+\cdots+a_{im}^2=1 \quad (i=1,\ 2,\ \cdots,\ m) \tag{8.4}$$

式(8.4)は，主成分得点の分散を最大とする固有ベクトルを求める制約条件にもなるが，制約条件付極値問題への対応にはラグランジュの未定定数法(Lagrange Multipliers)が知られている[3]．

1つの制約条件付きの極値問題は，ラグランジュの未定乗数を $\lambda$ と置けば，式(8.5)のように，制約条件のある最大化問題に帰着する[4]．

$$G_i=V_i-\lambda_i\left(\sum_{k=1}^{m} a_{ik}^2-1\right) \quad (i=1,\ 2,\ \cdots,\ m) \tag{8.5}$$

上記のように，$V_i$ は $a_{ik}$ の関数であるから，ラグランジュの未定定数法によ

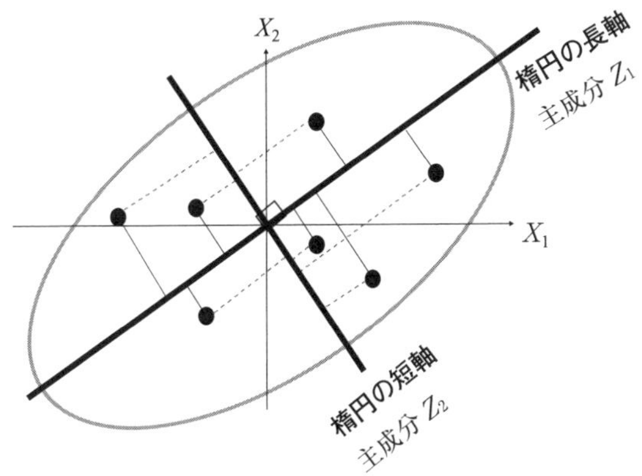


図 8.2　主成分分析($m$=2)の図解(図 1.1 の再掲)

り，式(8.5)の$G_i$を$\lambda$と各$a_{ik}$で偏微分して 0 と置いた連立方程式を解けば，$G_i$を最大にする$a_{ik}$が求まる．λは，固有値の数，すなわち最大 $m$ 個求まる．

変数と主成分の関係を**図 8.2** に図示しておく．

変数 $X$ と主成分 $Z$ の関係には，次の 2 つの特徴がある．

① 各主成分は直交している．

② 観測点から，各主成分軸へは最短距離になっている．

なお，各主成分は直交しているので，固有ベクトルの内積はゼロになる．すなわち式(8.6)が成立する．

$$\sum_{k=1}^{m} a_{ik}a_{i'k}=0 \quad (i \neq i') \tag{8.6}$$

## 8.3 解析の方法

以下には，Excel の分析ツール，および，ソルバーを使った主成分分析の具体的な解析手順について，2 つの例題を解説する．[例題 8.1]ではマーケティング，[例題 8.2]では技術開発への主成分分析の適用をそれぞれ解説する．

**[例題 8.1]**

ある県内の企業の経営状態を評価した(**表 8.1**)．20 社の財務力，人財力，開発力，営業力の 4 つの力量を 100 点満点で評価したデータである．

**表 8.1　企業 20 社の力量の評価データ(一部省略)**

| | A | B | C | D | E |
|---|---|---|---|---|---|
| 1 | № | 財務力X１ | 人財力X２ | 開発力X３ | 営業力X４ |
| 2 | 1 | 53 | 62 | 62 | 60 |
| 3 | 2 | 72 | 80 | 82 | 90 |
| 4 | 3 | 55 | 72 | 62 | 41 |
| 5 | 4 | 47 | 61 | 89 | 75 |
| 6 | 5 | 60 | 68 | 87 | 77 |

**表 8.1 つづき**

(No. 6 ～16 は省略)

| | | | | | |
|---|---|---|---|---|---|
| 18 | 17 | 45 | 56 | 65 | 59 |
| 19 | 18 | 63 | 69 | 51 | 37 |
| 20 | 19 | 61 | 70 | 81 | 71 |
| 21 | 20 | 56 | 63 | 81 | 65 |
| 22 | 平均値 | 56.7 | 67.3 | 73.55 | 62.65 |
| 23 | 標準偏差 | 8.67 | 7.99 | 13.59 | 14.82 |

これらのデータを主成分分析し，企業の特徴を明らかにしてみよう．この例においては，$m = 4$，$n = 20$ である．

### ■解析

**(手順 1)** 各データの評価項目をその平均値と標準偏差により式(8.7)を使って規準化する．これを用いて，**表 8.2** のようにデータを規準化する．

**表 8.2 規準化したデータ(一部省略)**

| No. | **財務力** $X_1$ | **人財力** $X_2$ | **開発力** $X_3$ | **営業力** $X_4$ |
|---|---|---|---|---|
| 1 | -0.427 | -0.664 | -0.850 | -0.179 |
| 2 | 1.765 | 1.590 | 0.622 | 1.845 |
| 3 | -0.196 | 0.588 | -0.850 | -1.461 |
| ⋮ | ⋮ | ⋮ | ⋮ | ⋮ |
| 18 | 0.727 | 0.213 | -1.659 | -1.730 |
| 19 | 0.496 | 0.338 | 0.548 | 0.563 |
| 20 | -0.081 | -0.538 | 0.548 | 0.159 |
| 平均値 | 0 | 0 | 0 | 0 |
| 標準偏差 | 1 | 1 | 1 | 1 |

$$X'_{jk}=\frac{X_{ij}-\overline{X}_k}{s_k} \tag{8.7}$$

ここで，$X'_{jk}$は 規準化したデータ，$\overline{X}_k$は評価項目 $k$ の平均値，$s_k$は評価項目 $k$ の標準偏差である．実際にデータの規準化をするには，関数の STANDARDIZE を用いる．

STANDARDIZE は次のようにパラメータをセットする．

= STANDARDIZE(データ，平均値，標準偏差)

**(手順 2)**　評価項目間の相関係数を計算する．相関係数は分析ツールの相関を用いる．**表 8.3** にデータ画面，**図 8.3** に入力画面を示す．

入力範囲は，規準化されたデータのほうを指定する．結果は**表 8.4** となる．

**表 8.3　相関分析用データ画面**

| | A | B | C | D | E | F | G | H | I | J | K |
|---|---|---|---|---|---|---|---|---|---|---|---|
| 1 | № | 財務力X1 | 人財力X2 | 開発力X3 | 営業力X4 | | № | 財務力X1 | 人財力X2 | 開発力X3 | 営業力X4 |
| 2 | 1 | 53 | 62 | 62 | 60 | | 1 | -0.427 | -0.664 | -0.850 | -0.179 |
| 3 | 2 | 72 | 80 | 82 | 90 | | 2 | 1.765 | 1.590 | 0.622 | 1.845 |
| 4 | 3 | 55 | 72 | 62 | 41 | | 3 | -0.196 | 0.588 | -0.850 | -1.461 |
| 5 | 4 | 47 | 61 | 89 | 75 | | 4 | -1.119 | -0.789 | 1.137 | 0.833 |
| 6 | 5 | 60 | 68 | 87 | 77 | | 5 | 0.381 | 0.088 | 0.989 | 0.968 |
| 7 | 6 | 66 | 71 | 57 | 57 | | 6 | 1.073 | 0.463 | -1.217 | -0.381 |
| 8 | 7 | 66 | 72 | 69 | 52 | | 7 | 1.073 | 0.588 | -0.335 | -0.718 |
| 9 | 8 | 52 | 69 | 69 | 52 | | 8 | -0.542 | 0.213 | -0.335 | -0.718 |
| 10 | 9 | 49 | 67 | 62 | 66 | | 9 | -0.888 | -0.038 | -0.850 | 0.226 |
| 11 | 10 | 67 | 71 | 82 | 76 | | 10 | 1.188 | 0.463 | 0.622 | 0.901 |
| 12 | 11 | 48 | 58 | 67 | 58 | | 11 | -1.003 | -1.164 | -0.482 | -0.314 |
| 13 | 12 | 52 | 61 | 70 | 51 | | 12 | -0.542 | -0.789 | -0.261 | -0.786 |
| 14 | 13 | 50 | 65 | 100 | 82 | | 13 | -0.773 | -0.288 | 1.946 | 1.305 |
| 15 | 14 | 45 | 58 | 100 | 80 | | 14 | -1.349 | -1.164 | 1.946 | 1.171 |
| 16 | 15 | 72 | 90 | 65 | 65 | | 15 | 1.765 | 2.842 | -0.629 | 0.159 |
| 17 | 16 | 55 | 63 | 70 | 39 | | 16 | -0.196 | -0.538 | -0.261 | -1.596 |
| 18 | 17 | 45 | 56 | 65 | 59 | | 17 | -1.349 | -1.415 | -0.629 | -0.246 |
| 19 | 18 | 63 | 69 | 51 | 37 | | 18 | 0.727 | 0.213 | -1.659 | -1.730 |
| 20 | 19 | 61 | 70 | 81 | 71 | | 19 | 0.496 | 0.338 | 0.548 | 0.563 |
| 21 | 20 | 56 | 63 | 81 | 65 | | 20 | -0.081 | -0.538 | 0.548 | 0.159 |
| 22 | 平均値 | 56.7 | 67.3 | 73.55 | 62.65 | | 平均値 | 0 | 0 | 0 | 0 |
| 23 | 標準偏差 | 8.67 | 7.99 | 13.59 | 14.82 | | 標準偏差 | 1 | 1 | 1 | 1 |

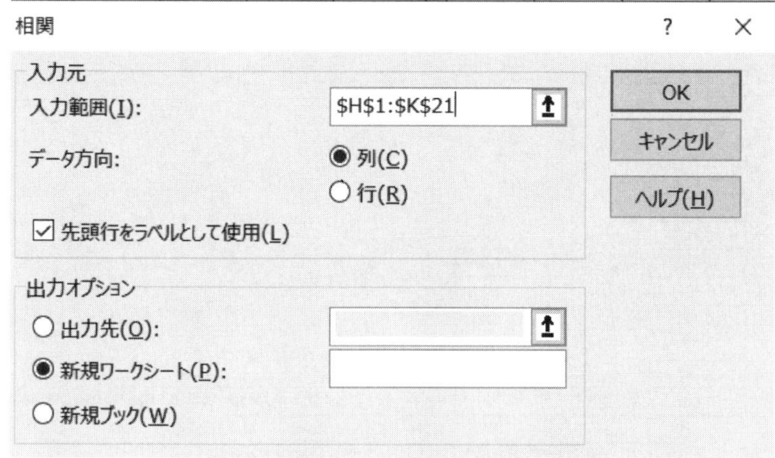


**図 8.3　相関係数計算のための入力画面**

**表 8.4　相関係数**

| | **財務力** $X_1$ | **人財力** $X_2$ | **開発力** $X_3$ | **営業力** $X_4$ |
|---|---|---|---|---|
| **財務力** $X_1$ | 1 | | | |
| **人財力** $X_2$ | 0.8564 | 1 | | |
| **開発力** $X_3$ | -0.2080 | -0.1868 | 1 | |
| **営業力** $X_4$ | 0.0643 | 0.1010 | 0.7721 | 1 |

$X_1$と$X_2$，$X_3$と$X_4$間の相関係数が大きく，($X_1$，$X_2$)と($X_3$，$X_4$)間の相関係数は小さいので，主成分分析で要約できるのではないかと考えられる．

**(手順 3)**　第 1 固有値と固有ベクトルを計算する準備として**表 8.5** を作成する．

①　固有ベクトルの要素$a_1$～$a_4$には初期値として 0.5 を入力する．ついで，主成分得点を計算する．主成分得点は，主成分得点＝固有ベクトル×規準化されたデータであり，計算には，配列同士の積和を計算する SUM PRODUCT 関数を使うと便利である．以下のようにパラメータをセットする．

＝ SUMPRODUCT(固有ベクトルの範囲，規準化されたデータの

**表 8.5　固有値と固有ベクトルの表(初期値の画面)**

| | M | N | O | P | Q | R | S | T | U | V | W | X |
|---|---|---|---|---|---|---|---|---|---|---|---|---|
| 1 | 主成分得点 | | | | | | | | | | | |
| 2 | -1.059 | | | | | | | | | | | |
| 3 | 2.911 | | | | | | | | | | | |
| 4 | -0.959 | | | | | | | | | | | |
| 5 | 0.031 | | | | | | | | | | | |
| 6 | 1.213 | | | | | | | | | | | |
| 7 | -0.031 | | $Z_1$目的セル→ | | 1.699 | | | | | | | |
| 8 | 0.304 | | | | | | | | | | | |
| 9 | -0.691 | | | | | | | | | | | |
| 10 | -0.775 | | | | | | | | | | | |
| 11 | 1.587 | | | | | | | | | | | |
| 12 | -1.482 | | 第1主成分 | | $a_1$ | $a_2$ | $a_3$ | $a_4$ | 2乗和 | 寄与率 | 累積寄与率 | 固有値 |
| 13 | -1.189 | | 固有ベクトル | | 0.500 | 0.500 | 0.500 | 0.500 | 1 | 0.425 | 0.425 | 1.699 |
| 14 | 1.095 | | 因子負荷量 | | 0.652 | 0.652 | 0.652 | 0.652 | 1.699 | | | |
| 15 | 0.301 | | | | | | | | | | | |
| 16 | 2.068 | | | | | | | | | | | |
| 17 | -1.296 | | | | | | | | | | | |
| 18 | -1.820 | | | | | | | | | | | |
| 19 | -1.225 | | | | | | | | | | | |
| 20 | 0.973 | | | | | | | | | | | |
| 21 | 0.044 | | | | | | | | | | | |

範囲)

② この[例題 8.1]では，M2 のセルに「=SUMPRODUCT ($Q$13:$T$13,H2:K2)」と入力し，M2 セルを M3 から M21 までコピー＆ペーストする．

③ 固有値を入れるセルを $Q$7 とし，分散を計算する VAR 関数を用いて，目的セル $Q$7 に「=VAR(M2:M21)」と入力する．主成分得点の分散 VAR(M2:M21)が最大となるとき，目的セルの値は固有値となる．

④ 因子負荷量は，ソルバーで計算した固有ベクトルに固有値の平方根をかける．すなわち，因子負荷量＝$\sqrt{\text{固有値}}$×固有ベクトルで計算できる．よって，セル $Q$14 には「=SQRT($Q$7)*Q13」と入力し，セル R14, S14, T14 にコピー＆ペーストする．$U$14 に SUMSQ 関数を用いて，「=SUMSQ($Q$14,$T$14)」と入力しておくと，解が求まった後，因子

**図 8.4　ソルバーの操作画面(第 1 主成分)**

負荷量の要素の 2 乗和が固有値となっていることが確認できる.

⑤　式(8.4)の制約条件として $U$13 に 2 乗和を計算する. SUMSQ 関数を用いて,「=SUMSQ($Q$13:$T$13)」と入力する.

⑥　寄与率は, 固有値である $Q$7 の値を主成分の数 $m = 4$ で割って求める. よって, $V$13 には,「=$Q$7/4」と入力する.

⑦　今回は, 第 1 主成分なので, 累積寄与率は, $V$13 の値と同じなので, $W$13 には,「=$V$13」と入力する.

以上の準備をしてからソルバーをクリックする. 操作画面を**図 8.4** に示す.

⑧　目的セルには「$Q$7」と入力する. **表 8.5** の目的セル $Q$7 は, 主成分得点の分散すなわち固有値で, この値を最大化するので目標値は最大値とする. 変数セルには,「$Q$13:$T$13」と入力する. 制約条件は

固有ベクトル要素の2乗和を1とするので，「$U$13=1」と入力する．「制約のない変数を非負にする」の欄のチェックは外した状態にしておく．固有ベクトルの値が負になってもよいようにするためである．解決方法はGRG非線形を選ぶ．

⑨ ソルバーの「解決」をクリックすると計算が実行され，**図8.5**が表示され，OKをクリックする．うまく収束せず，解が見つからないときは，**1.7.3項**の(手順7)，(手順8)を参考にするとよい．

⑩ **表8.6**のように計算結果が出る．第1固有値は1.969と求まっており，$X$13に入っている．これを変数の数(主成分の数)4で割ったものが$V$13に入っている．寄与率は49.2%である．主成分得点はセルM2:M21に表示されており，固有ベクトルの計算結果は，それぞれ，0.610，0.599，－0.451，－0.257である．これら係数の正負がそっくり入れ替わって計算されることもあるが，これは計算上の綾(あや)で，結果には影響しないので，気にしなくてよい．

**(手順4)** 第2主成分以降の計算も，第1主成分と同様に計算する．異なっている点は，第2主成分を計算するとき，すでに求めた第1主成分の固有ベクトルと第2主成分の固有ベクトルを直交させることである．すなわち，式(8.6)に示したように第1主成分の固有ベクトルと第2主成分の固有ベクトルの積和を0とする制約が加わる．これを制約条件に加える．$U$6に第1固有値と第2固有値の積和をSUMPRODUCT関数で計算しておき，制約条件として「$U$6=0」と入力する．

目的セルには「$Q$8」，目標値は最大値，変数セルには「$Q$17:$T$17」と入力する．第1固有値のときと同じく，固有ベクトルの2乗和を1とする制約があり，「$U$17=1」と入力する．累積寄与率のセル$W$17には「=$V$13＋$V$17」と入力しておく．同様に第3主成分の固有ベクトルを求めるときは，これと第1主成分，第2主成分の固有ベクトルとの積和をすべて0とする制約を入れる．なお，第2主成分の固有ベクトルの初期値もすべて0.5としておく．

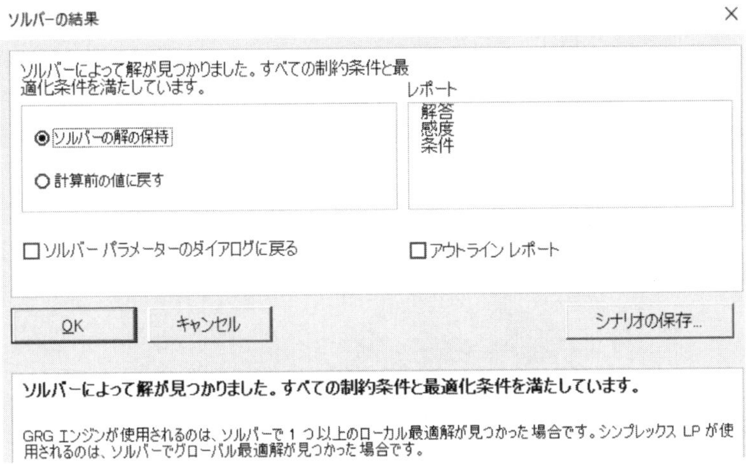

ソルバーの結果　×

ソルバーによって解が見つかりました。すべての制約条件と最適化条件を満たしています。

レポート
解答
感度
条件

◉ ソルバーの解の保持
○ 計算前の値に戻す

☐ ソルバー パラメーターのダイアログに戻る　☐ アウトライン レポート

OK　キャンセル　シナリオの保存...

**ソルバーによって解が見つかりました。すべての制約条件と最適化条件を満たしています。**

GRG エンジンが使用されるのは、ソルバーで 1 つ以上のローカル最適解が見つかった場合です。シンプレックス LP が使用されるのは、ソルバーでグローバル最適解が見つかった場合です。

図 8.5　ソルバーの計算結果の画面

表 8.6　第 1 主成分の計算（計算後の画面）

| | L | M | N | O–P | Q | R | S | T | U | V | W | X |
|---|---|---|---|---|---|---|---|---|---|---|---|---|
| 1 | | 主成分得点 | | | | | | | | | | |
| 2 | | -0.229 | | | | | | | | | | |
| 3 | | 1.275 | | | | | | | | | | |
| 4 | | 0.991 | | | | | | | | | | |
| 5 | | -1.881 | | | | | | | | | | |
| 6 | | -0.410 | | | | | | | | | | |
| 7 | | 1.578 | | $z_1$目的セル→ | 1.969 | | | | | | | |
| 8 | | 1.342 | | | | | | | | | | |
| 9 | | 0.132 | | | | | | | | | | |
| 10 | | -0.239 | | | | | | | | | | |
| 11 | | 0.491 | | | | | | | | | | |
| 12 | | -1.012 | | 第1主成分 | $a_1$ | $a_2$ | $a_3$ | $a_4$ | 2乗和 | 寄与率 | 積寄与 | 固有値 |
| 13 | | -0.484 | | 固有ベクトル | 0.610 | 0.599 | -0.451 | -0.257 | 1 | 0.492 | 0.492 | 1.969 |
| 14 | | -1.856 | | 因子負荷量 | 0.855 | 0.841 | -0.633 | -0.360 | 1.969 | | | |
| 15 | | -2.698 | | | | | | | | | | |
| 16 | | 3.022 | | | | | | | | | | |
| 17 | | 0.085 | | | | | | | | | | |
| 18 | | -1.324 | | | | | | | | | | |
| 19 | | 1.763 | | | | | | | | | | |
| 20 | | 0.113 | | | | | | | | | | |
| 21 | | -0.660 | | | | | | | | | | |
| 22 | | 0 | | | | | | | | | | |
| 23 | | 1.403058717 | | | | | | | | | | |

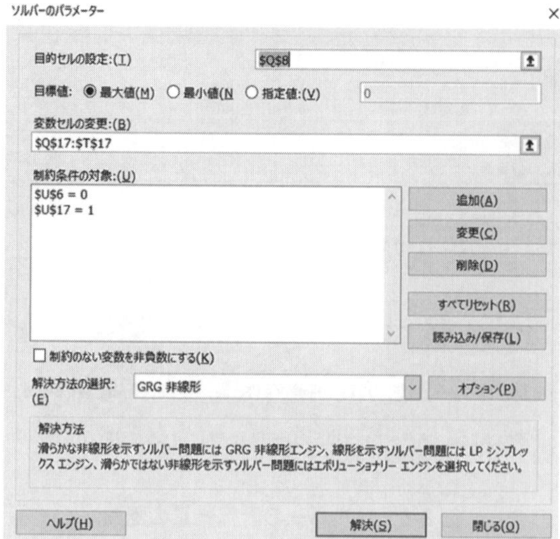


図 8.6　ソルバーの操作画面(第 2 主成分)

表 8.7　第 2 主成分の計算(計算後の画面)

| | M | N | O | P | Q | R | S | T | U | V | W | X |
|---|---|---|---|---|---|---|---|---|---|---|---|---|
| 1 | 主成分得点 | | | | | | | | | | | |
| 2 | -0.967 | | | | | | | | | | | |
| 3 | 2.755 | | | | | | | | | | | |
| 4 | -1.309 | | | | | | | | | | | |
| 5 | 0.526 | | | | | | | | | | | |
| 6 | 1.356 | | | | | | 直交条件 z1z2 | | -0 | | | |
| 7 | -0.397 | | | | | | | | | | | |
| 8 | -0.098 | | Z2目的セル→ | | 1.707 | | | | | | | |
| 9 | -0.776 | | | | | | | | | | | |
| 10 | -0.623 | | | | | | | | | | | |
| 11 | 1.516 | | | | | | | | | | | |
| 12 | -1.232 | | 第1主成分 | | $a_1$ | $a_2$ | $a_3$ | $a_4$ | 2乗和 | 寄与率 | 累積寄与率 | 固有値 |
| 13 | -1.141 | | 固有ベクトル | | 0.610 | 0.599 | -0.451 | -0.257 | 1 | 0.492 | 0.492 | 1.969 |
| 14 | 1.585 | | 因子負荷量 | | 0.855 | 0.841 | -0.633 | -0.360 | 1.969 | | | |
| 15 | 0.985 | | | | | | | | | | | |
| 16 | 1.378 | | 第2主成分 | | $a_1$ | $a_2$ | $a_3$ | $a_4$ | 2乗和 | 寄与率 | 累積寄与率 | 固有値 |
| 17 | -1.483 | | 固有ベクトル | | 0.336 | 0.359 | 0.546 | 0.678 | 1 | 0.427 | 0.919 | 1.707 |
| 18 | -1.473 | | 因子負荷量 | | 0.439 | 0.470 | 0.714 | 0.885 | 1.707 | | | |
| 19 | -1.758 | | | | | | | | | | | |
| 20 | 0.969 | | | | | | | | | | | |
| 21 | 0.186 | | | | | | | | | | | |
| 22 | 0 | | | | | | | | | | | |
| 23 | 1.30668671 | | | | | | | | | | | |

**図 8.6** に主成分のソルバーの操作画面を，**表 8.7** に計算結果を示す．第 2 主成分までの累積寄与率は 9 割を超えているので，第 3 主成分以降の計算は省略してよい．通常は 8 割程度のところで計算を打ち切るのが一つの目安である．

**(手順 5)**　第 1 主成分得点と第 2 主成分得点とこれらの散布図を**図 8.7** に示す．

**(手順 6)**　(手順 1)～(手順 5)の成果は，以下①～④のとおりである．

①　主成分分析の結果

**表 8.7** から，第 1 主成分，第 2 主成分の累積寄与率が 91.9% を示しており，2 つの主成分で全変動(情報量)の 9 割以上を説明できることを表している．このことにより，財務力，人財力，開発力，営業力の 4 つ評価項目は，2 つの主成分に要約できたことを意味する．

②　第 1 主成分の意味

第 1 主成分の固有ベクトルを見ると，財務力，人財力を表す固有ベク

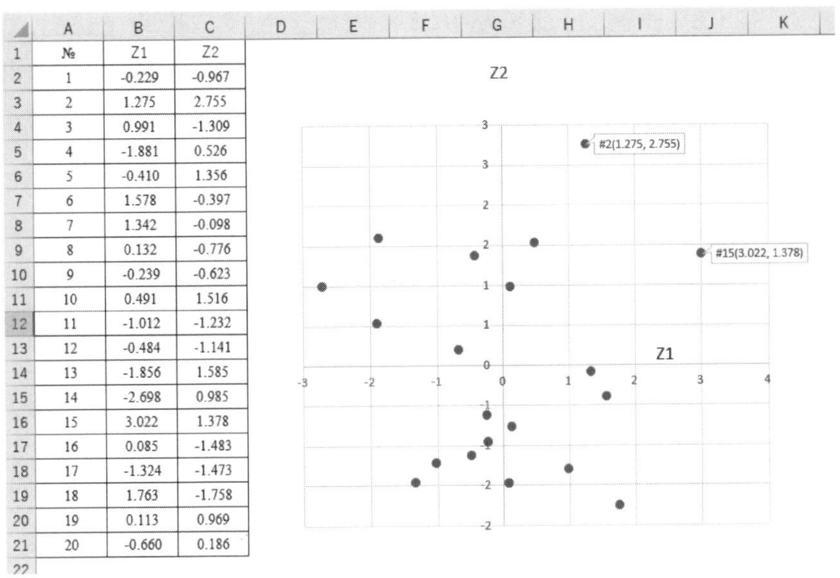

| | A | B | C |
|---|---|---|---|
| 1 | № | Z1 | Z2 |
| 2 | 1 | -0.229 | -0.967 |
| 3 | 2 | 1.275 | 2.755 |
| 4 | 3 | 0.991 | -1.309 |
| 5 | 4 | -1.881 | 0.526 |
| 6 | 5 | -0.410 | 1.356 |
| 7 | 6 | 1.578 | -0.397 |
| 8 | 7 | 1.342 | -0.098 |
| 9 | 8 | 0.132 | -0.776 |
| 10 | 9 | -0.239 | -0.623 |
| 11 | 10 | 0.491 | 1.516 |
| 12 | 11 | -1.012 | -1.232 |
| 13 | 12 | -0.484 | -1.141 |
| 14 | 13 | -1.856 | 1.585 |
| 15 | 14 | -2.698 | 0.985 |
| 16 | 15 | 3.022 | 1.378 |
| 17 | 16 | 0.085 | -1.483 |
| 18 | 17 | -1.324 | -1.473 |
| 19 | 18 | 1.763 | -1.758 |
| 20 | 19 | 0.113 | 0.969 |
| 21 | 20 | -0.660 | 0.186 |



図 8.7　第 1，2 主成分得点と散布図

トルの要素が正の値 0.610，0.599 で，開発力，営業力は負の値 − 0.451，− 0.257 と符号が反対である．よって，第 1 主成分は開発力，営業力に対する財務力，人財力の強さを表すと考え，固有技術的には，企業の守りの力と位置づけることができるだろう．

③　第 2 主成分の意味

第 2 主成分の固有ベクトルを見ると，すべて正の値であり，企業の総合力を表しているとみられるが，開発力，営業力を表す固有ベクトルの値が 0.546，0.678 と絶対値が大きく，財務力，人財力の 0.336，0.359 は絶対値が小さい．よって，第 2 主成分は開発力，営業力の強さが中心と考え，固有技術的には，企業の攻めの力と位置づけることができるだろう．

④　特異な企業

**図 8.7** から，企業 No.2 は第 2 主成分の値が，他企業に比べて正の方向に大きいので攻めの力が突出していることがわかる．企業 No.15 は，第 1 主成分の値が，正の方向に大きいので，企業の守りの力が抜きんでていることがわかる．他の 18 社についても，原点を中心に，どの象限のどの位置にあるかで，守り，攻めの力量のバランス具合をつかむことができる．

**(自由演習 8.1)**

ある集団の身体のデータは**表 8.8** のとおりである．元の変数 $X$ として身長，体重，胸囲，座高の 4 つの特性があり，相互に相関がある．2 つ程度の主成分に要約したいと考えている．主成分分析してみよ．

**表 8.8　身体のデータ表（単位省略）**

| No. | **身長** $X_1$ | **体重** $X_2$ | **胸囲** $X_3$ | **座高** $X_4$ |
|---|---|---|---|---|
| 1 | 173.5 | 70.5 | 96.6 | 92.5 |
| 2 | 169.7 | 65.3 | 91.8 | 93.3 |

表 8.8 つづき

| No. | 身長 $X_1$ | 体重 $X_2$ | 胸囲 $X_3$ | 座高 $X_4$ |
|---|---|---|---|---|
| 3 | 172.0 | 79.4 | 102.2 | 92.5 |
| 4 | 173.7 | 73.5 | 95.2 | 94.4 |
| 5 | 177.3 | 78.6 | 103.2 | 94.5 |
| 6 | 174.9 | 72.8 | 98.0 | 96.2 |
| 7 | 174.6 | 65.9 | 90.0 | 95.7 |
| 8 | 165.9 | 80.2 | 101.3 | 90.2 |
| 9 | 168.6 | 76.6 | 99.6 | 89.9 |
| 10 | 171.0 | 70.1 | 99.0 | 90.7 |
| 11 | 174.3 | 70.1 | 95.3 | 91.8 |
| 12 | 168.7 | 67.0 | 94.1 | 87.9 |
| 13 | 175.0 | 69.3 | 91.3 | 95.6 |
| 14 | 182.8 | 63.0 | 87.3 | 100.1 |
| 15 | 176.6 | 68.7 | 95.7 | 93.8 |
| 16 | 175.6 | 68.6 | 93.2 | 93.0 |
| 17 | 169.9 | 70.0 | 92.9 | 91.0 |
| 18 | 176.0 | 66.4 | 95.4 | 94.4 |
| 19 | 174.0 | 70.6 | 96.3 | 95.0 |
| 20 | 172.3 | 63.6 | 87.8 | 94.4 |

**[例題 8.2]**

ある研究所では，基礎研究として直線引き裂き性を付与したプラスチックフィルム(易引き裂きフィルム)の研究を行い，一定の成果を見た．

さらに開発部では，商品化を目的に易引き裂きフィルムの開発を始めることにしたが，過去の研究所の方針(研究路線)をそのまま引き継ぐのではなく，開発部として新たな視点で取り組もうと考えた．

そこで，具体的な検討に入る前に，過去の研究所での検討内容を精査し，「具体的にどのような構想で開発に臨むとよいか」の情報を得ることにした．前処理を施し，主要因と思われる 7 つの変数を選定し，33 個のデータを抽出した(**表 8.9**)．これらのデータを主成分分析し，易引き裂き性を取り巻く技術的な背景の特徴を明らかにしたい．この例においては，$m = 7$，$n = 33$ である．

**表 8.9　データ表(単位省略，データは一部省略)**

| No, | $x_1$ 添加剤量 | $x_2$ 未延伸フィルム膜厚 | $x_3$ 延伸倍率 | $x_4$ フィルム幅 | $x_5$ 原料組成比 | $x_6$ 引裂きズレ | $x_7$ リップ間隔 |
|---|---|---|---|---|---|---|---|
| 1 | 1 | 0.25 | 6.7 | 1200 | 4.98 | 138 | 2.88 |
| 2 | 1 | 0.25 | 6.7 | 1395 | 1.64 | 68 | 0.94 |
| 3 | 1 | 0.25 | 7 | 1200 | 3 | 125 | 1.74 |
| 4 | 1 | 0.25 | 7 | 1200 | 4.01 | 152 | 1.58 |
| 5 | 1.5 | 0.35 | 5.4 | 1395 | 3.26 | 91 | 2.53 |
| 6 | 1.5 | 0.3 | 8.3 | 1395 | 1.28 | 53 | 1.1 |
| ⋮ | ⋮ | ⋮ | ⋮ | ⋮ | ⋮ | ⋮ | ⋮ |
| 26 | 3 | 0.3 | 16.3 | 1200 | 0.26 | 14 | 0.292 |
| 27 | 3 | 0.35 | 11.9 | 1200 | 0.33 | 18 | 0.375 |
| 28 | 4 | 0.4 | 13.3 | 1395 | 1.11 | 41 | 1.71 |
| 29 | 4 | 0.4 | 12.5 | 1200 | 0.36 | 27 | 0.563 |
| 30 | 5 | 0.4 | 15.9 | 1395 | 0.66 | 37 | 1.23 |
| 31 | 5 | 0.4 | 14.7 | 1200 | 0.86 | 48 | 1.6 |
| 32 | 5 | 0.4 | 11.5 | 700 | 0.52 | 48 | 1 |
| 33 | 5 | 0.4 | 11.4 | 700 | 0.54 | 50 | 1.04 |
| 平均値 | 2.5000 | 0.3364 | 10.1455 | 1299.70 | 1.1936 | 45.3636 | 1.0282 |
| 標準偏差 | 1.1924 | 0.0489 | 3.0038 | 177.531 | 1.0904 | 35.8075 | 0.6313 |

## ■解析

(手順1)　**表 8.9** を，各変数の平均値，標準偏差により式(8.7)を使って規準化する．これを用いて，**表 8.10** のようにデータを規準化する．

$$X'_{jk}=\frac{X_{ij}-\overline{X}_k}{s_k} \qquad (8.7\ 再掲)$$

**表 8.10 表 8.9 を規準化したデータ表**

| No. | $X'_1$ | $X'_2$ | $X'_3$ | $X'_4$ | $X'_5$ | $X'_6$ | $X'_7$ |
|---|---|---|---|---|---|---|---|
| 1 | -1.258 | -1.768 | -1.147 | -0.562 | 3.472 | 2.587 | 2.933 |
| 2 | -1.258 | -1.768 | -1.147 | 0.537 | 0.409 | 0.632 | -0.140 |
| 3 | -1.258 | -1.768 | -1.047 | -0.562 | 1.657 | 2.224 | 1.128 |
| 4 | -1.258 | -1.768 | -1.047 | -0.562 | 2.583 | 2.978 | 0.874 |
| 5 | -0.839 | 0.279 | -1.580 | 0.537 | 1.895 | 1.274 | 2.379 |
| 6 | -0.839 | -0.744 | -0.614 | 0.537 | 0.079 | 0.213 | 0.114 |
| 7 | -0.419 | -0.744 | 0.351 | 0.537 | -0.709 | -1.016 | -1.035 |
| 8 | -0.419 | 0.279 | -0.614 | 0.537 | -0.187 | -0.652 | -0.176 |
| 9 | -0.419 | 0.279 | -0.681 | 0.537 | -0.480 | -0.932 | -0.837 |
| 10 | -0.419 | -0.744 | 0.284 | 0.537 | -0.792 | -1.016 | -1.233 |
| 11 | -0.419 | 0.279 | -0.681 | 0.537 | -0.581 | -0.820 | -0.926 |
| 12 | -0.419 | 0.279 | -0.648 | 0.537 | -0.370 | -0.652 | -0.661 |
| 13 | -0.419 | 0.279 | -0.648 | 0.537 | 0.015 | -0.317 | -0.133 |
| 14 | -0.419 | -0.744 | -0.581 | 0.537 | 0.061 | 0.213 | 0.700 |
| 15 | -0.419 | 0.279 | -0.614 | 0.537 | -0.774 | -0.848 | -0.968 |
| 16 | -0.419 | 0.279 | -0.581 | 0.537 | -0.013 | -0.038 | -0.176 |
| 17 | -0.419 | 0.279 | -0.548 | 0.537 | -0.123 | -0.178 | -0.341 |
| 18 | -0.419 | 0.279 | -0.581 | 0.537 | 0.226 | 0.213 | 0.114 |
| 19 | -0.419 | -0.744 | 0.484 | -0.562 | -0.526 | -0.317 | -0.881 |
| 20 | -0.419 | -0.744 | 0.551 | 0.537 | 0.125 | 0.800 | 0.003 |
| 21 | -0.419 | -0.744 | 0.185 | -0.562 | -0.288 | 0.102 | -0.550 |
| 22 | 0.000 | 1.303 | -0.781 | 0.537 | 0.198 | -0.597 | 1.539 |
| 23 | 0.419 | -0.744 | 2.349 | 0.537 | -0.746 | -0.960 | -0.903 |
| 24 | 0.419 | 1.303 | -0.348 | 0.537 | -0.196 | -0.513 | 0.145 |
| 25 | 0.419 | 0.279 | 0.917 | 0.537 | -0.434 | -0.150 | -0.309 |
| 26 | 0.419 | -0.744 | 2.049 | -0.562 | -0.856 | -0.876 | -1.166 |
| 27 | 0.419 | 0.279 | 0.584 | -0.562 | -0.792 | -0.764 | -1.035 |
| 28 | 1.258 | 1.303 | 1.050 | 0.537 | -0.077 | -0.122 | 1.080 |
| 29 | 1.258 | 1.303 | 0.784 | -0.562 | -0.765 | -0.513 | -0.737 |
| 30 | 2.097 | 1.303 | 1.916 | 0.537 | -0.489 | -0.234 | 0.320 |
| 31 | 2.097 | 1.303 | 1.516 | -0.562 | -0.306 | 0.074 | 0.906 |
| 32 | 2.097 | 1.303 | 0.451 | -3.378 | -0.618 | 0.074 | -0.045 |
| 33 | 2.097 | 1.303 | 0.418 | -3.378 | -0.599 | 0.129 | 0.019 |
| 平均値 | 0.00000 | 0.00000 | 0.00000 | 0.00000 | 0.00000 | 0.00000 | 0.00000 |
| 標準偏差 | 1.0000 | 1.0000 | 1.0000 | 1.0000 | 1.0000 | 1.0000 | 1.0000 |

**表 8.11 相関分析用データ画面(一部省略)**

| No. | $X'_1$ | $X'_2$ | $X'_3$ | $X'_4$ | $X'_5$ | $X'_6$ | $X'_7$ |
|---|---|---|---|---|---|---|---|
| 1 | -1.258 | -1.768 | -1.147 | -0.562 | 3.472 | 2.587 | 2.933 |
| 2 | -1.258 | -1.768 | -1.147 | 0.537 | 0.409 | 0.632 | -0.140 |
| 3 | -1.258 | -1.768 | -1.047 | -0.562 | 1.657 | 2.224 | 1.128 |
| 4 | -1.258 | -1.768 | -1.047 | -0.562 | 2.583 | 2.978 | 0.874 |
| 5 | -0.839 | 0.279 | -1.580 | 0.537 | 1.895 | 1.274 | 2.379 |
| 6 | -0.839 | -0.744 | -0.614 | 0.537 | 0.079 | 0.213 | 0.114 |
| ⋮ | ⋮ | ⋮ | ⋮ | ⋮ | ⋮ | ⋮ | ⋮ |
| 26 | 0.419 | -0.744 | 2.049 | -0.562 | -0.856 | -0.876 | -1.166 |
| 27 | 0.419 | 0.279 | 0.584 | -0.562 | -0.792 | -0.764 | -1.035 |
| 28 | 1.258 | 1.303 | 1.050 | 0.537 | -0.077 | -0.122 | 1.080 |
| 29 | 1.258 | 1.303 | 0.784 | -0.562 | -0.765 | -0.513 | -0.737 |
| 30 | 2.097 | 1.303 | 1.916 | 0.537 | -0.489 | -0.234 | 0.320 |
| 31 | 2.097 | 1.303 | 1.516 | -0.562 | -0.306 | 0.074 | 0.906 |
| 32 | 2.097 | 1.303 | 0.451 | -3.378 | -0.618 | 0.074 | -0.045 |
| 33 | 2.097 | 1.303 | 0.418 | -3.378 | -0.599 | 0.129 | 0.019 |
| 平均値 | 0.00000 | 0.00000 | 0.00000 | 0.00000 | 0.00000 | 0.00000 | 0.00000 |
| 標準偏差 | 1.0000 | 1.0000 | 1.0000 | 1.0000 | 1.0000 | 1.0000 | 1.0000 |

ここで，$X'_{jk}$は規準化したデータ，$\overline{X}_k$は変数$k$の平均値，$s_k$は変数$k$の標準偏差である．

実際にデータの規準化をするには，関数のSTANDARDIZEを用いる．STANDARDIZEは次のようにパラメータをセットする．

= STANDARDIZE(データ，平均値，標準偏差)

**(手順2)** 変数間の相関係数を計算する．相関係数は分析ツールの相関を用いる．**表8.11**にデータ画面，**図8.8**に入力画面を示す．

入力範囲は，規準化されたデータのほうを指定する．結果は**表8.12**とな

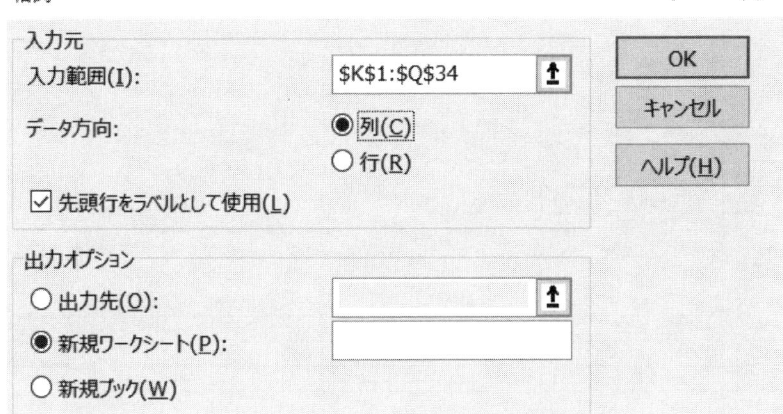


**図 8.8　相関係数計算のための入力画面**

**表 8.12　相関係数**

| | $X'_1$ | $X'_2$ | $X'_3$ | $X'_4$ | $X'_5$ | $X'_6$ | $X'_7$ |
|---|---|---|---|---|---|---|---|
| $X'_1$ | 1 | | | | | | |
| $X'_2$ | 0.764 | 1 | | | | | |
| $X'_3$ | 0.713 | 0.279 | 1 | | | | |
| $X'_4$ | -0.499 | -0.159 | -0.187 | 1 | | | |
| $X'_5$ | -0.518 | -0.494 | -0.571 | 0.005 | 1 | | |
| $X'_6$ | -0.363 | -0.502 | -0.431 | -0.213 | 0.916 | 1 | |
| $X'_7$ | -0.112 | -0.045 | -0.383 | -0.047 | 0.817 | 0.730 | 1 |

る．$X'_1$と$X'_2$，$X'_3$，ならびに$X'_5$，$X'_6$，$X'_7$間の相関係数が大きい．$X'_4$は，他とそれほど相関は大きくない．よって，主成分分析で有効に要約できるのではないかと考えられる．第 1 固有値はシート'Z1'で計算する．

**(手順 3)**　第 1 固有値と固有ベクトルの計算の準備として**表 8.13** を作成する．

①　固有ベクトルの要素$a_1$～$a_7$($W$13:$AC$13)には初期値として 0.5 を入力する．ついで，主成分得点を計算する．主成分得点は，主成分得点

**表 8.13　固有値と固有ベクトルの表（初期値の画面）**

| 主成分得点 |
|---|
| 2.129 |
| -1.367 |
| 0.187 |
| 0.900 |
| 1.973 |
| -0.627 |
| -1.518 |
| -0.617 |
| -1.267 |
| -1.691 |
| -1.305 |
| -0.967 |
| -0.343 |
| -0.117 |
| -1.404 |
| -0.206 |
| -0.396 |
| 0.184 |
| -1.483 |
| 0.426 |
| -1.138 |
| 1.100 |
| -0.024 |
| 0.674 |
| 0.629 |
| -0.868 |
| -0.935 |
| 2.515 |
| 0.384 |
| 2.724 |
| 2.514 |
| -0.058 |
| -0.006 |

$Z_1$目的セル→ 1.601

| 第1主成分 | $a_1$ | $a_2$ | $a_3$ | $a_4$ | $a_5$ | $a_6$ | $a_7$ | 2乗和 | 寄与率 | 累積寄与率 |
|---|---|---|---|---|---|---|---|---|---|---|
| 固有ベクトル | 0.500 | 0.500 | 0.500 | 0.500 | 0.500 | 0.500 | 0.500 | 1.75 | 0.400 | 0.400 |
| 因子負荷量 | 0.633 | 0.633 | 0.633 | 0.633 | 0.633 | 0.633 | 0.633 | 2.802 | | |

＝固有ベクトル×規準化されたデータであり，計算には，配列同士の積和を計算する SUMPRODUCT 関数を使うと便利である．このとき，以下のようにパラメータをセットする．

＝ SUMPRODUCT（固有ベクトルの範囲，規準化されたデータの範囲）

② この［例題 8.2］では，S2 のセルに「=SUMPRODUCT ($W$13:

$AC$13,K2:Q2)」と入力し，S2 セルを S3 から S34 までコピー＆ペーストする．

③　固有ベクトルの値を入れるセルを $W$7 とし，分散を計算する VAR 関数を用いて，目的セル $W$7 に「=VAR(S2:S34)」と入力する．主成分得点の分散 VAR(S2:S34)が最大となるとき，目的セルの値は固有値となる．

④　因子負荷量は，ソルバーで計算した固有ベクトルに固有値の平方根をかける．すなわち，因子負荷量＝$\sqrt{\text{固有値}}$×固有ベクトルで計算できる．よって，セル $W$14 には，「=SQRT ($W$7) *W13」と入力し，セル X14～AC14 にコピー＆ペーストする．$AD$14 に SUMSQ 関数を用いて「=SUMSQ(W14:AC14)」と入力しておくと，解が求まった後，因子負荷量の要素の 2 乗和が固有値となっていることが確認できる．

⑤　式(8.4)の制約条件として $AD$13 に 2 乗和を計算する．また，SUMSQ 関数を用いて，「=SUMSQ($W$13:$AC$13)」と入力する．

$$a_{i1}^2+a_{i2}^2+\cdots+a_{ik}^2+\cdots+a_{im}^2=1 \quad (i=1,\ 2,\ \cdots,\ m) \qquad \text{(再掲 8.4)}$$

⑥　寄与率は，$W$7 の値を主成分の数 $m = 7$ で割って求める．よって，$AE$13 には，「=AD14/7」と入力する．

⑦　今回は，第 1 主成分なので，累積寄与率は，$AE$13 の値と同じなので，$AF$13 には，「=$AE$13」と入力する．

⑧　ソルバーの目的セルには「$W$7」と入力する．**表 8.13** の目的セル $W$7 は，主成分得点の分散すなわち固有値で，この値を最大化するので，目標値は最大値とする．変数セルには，「$W$13:$AC$13」と入力する．制約条件は固有ベクトル要素の 2 乗和を 1 とするので，「$AD$13=1」と入力する．

なお，「制約のない変数…」の欄のチェックは外した状態にしておく．固有ベクトルの値が負になってもよいようにするためである．また，解決方法は GRG 非線形を選ぶ．

以上の準備をしたうえでソルバーをクリックする．操作画面を**図 8.9**

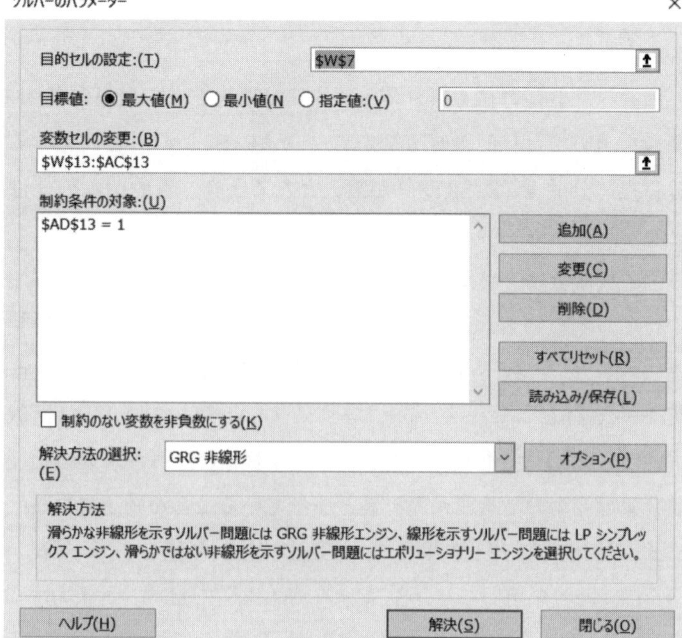


**図 8.9　ソルバーの操作画面（第 1 主成分）**

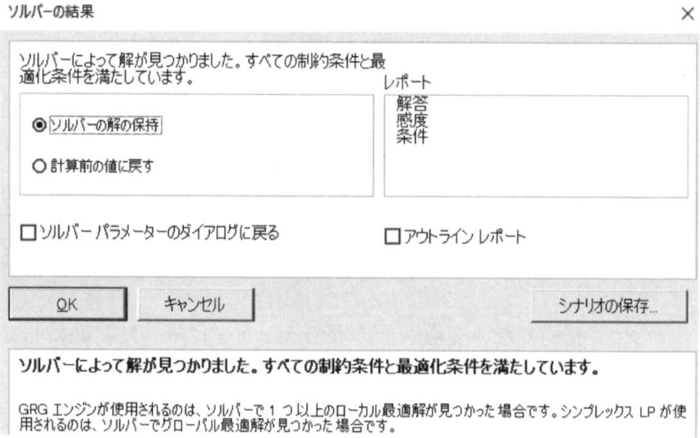

ソルバーの結果

ソルバーによって解が見つかりました。すべての制約条件と最適化条件を満たしています。

レポート：解答、感度、条件

◉ ソルバーの解の保持

○ 計算前の値に戻す

□ ソルバー パラメーターのダイアログに戻る　　□ アウトライン レポート

OK　キャンセル　シナリオの保存...

**ソルバーによって解が見つかりました。すべての制約条件と最適化条件を満たしています。**

GRG エンジンが使用されるのは、ソルバーで 1 つ以上のローカル最適解が見つかった場合です。シンプレックス LP が使用されるのは、ソルバーでグローバル最適解が見つかった場合です。

**図 8.10　ソルバーの計算結果の画面**

**表 8.14　第 1 主成分の計算(計算後のシート'Z1'の画面)**

| 主成分得点 |
|---|
| 5.418 |
| 2.027 |
| 3.679 |
| 4.384 |
| 3.237 |
| 1.043 |
| -0.841 |
| -0.099 |
| -0.578 |
| -0.927 |
| -0.610 |
| -0.349 |
| 0.179 |
| 1.064 |
| -0.758 |
| 0.250 |
| 0.062 |
| 0.583 |
| -0.524 |
| 0.677 |
| 0.014 |
| 0.271 |
| -1.884 |
| -0.713 |
| -0.961 |
| -1.970 |
| -1.633 |
| -1.014 |
| -2.162 |
| -2.201 |
| -1.701 |
| -2.015 |
| -1.946 |

$Z_1$目的セル→ 3.624

| 第1主成分 | $a_1$ | $a_2$ | $a_3$ | $a_4$ | $a_5$ | $a_6$ | $a_7$ | 2乗和 | 寄与率 | 累積寄与率 |
|---|---|---|---|---|---|---|---|---|---|---|
| 固有ベクトル | -0.395 | -0.345 | -0.383 | 0.082 | 0.494 | 0.448 | 0.356 | 1 | 0.518 | 0.518 |
| 因子負荷量 | -0.752 | -0.657 | -0.730 | 0.156 | 0.940 | 0.853 | 0.677 | 3.624 | | |

に示す．

⑨　ソルバーの「解決」をクリックすると計算が実行され，**図 8.10** が表示され，OK をクリックする．うまく収束せず，解が見つからないときは，**1.7.3** 項の(手順 7)，(手順 8)を参考にするとよい．

⑩　**表 8.14** のように計算結果が出る．第 1 固有値は 3.624 と求まっており，$W$7 と $AD$14 に入っている．これを変数の数(主成分の数)7 で割った 0.518 が $AE$13 に入っている．これが第 1 主成分の寄与率で，

51.8%である．全変動の約52%が第1主成分に集中している．

主成分得点はセルS2:S34に表示されており，固有ベクトルの計算結果は，それぞれ，－0.395，－0.345，－0.383，0.082，0.494，0.448，0.356である．これらの符号を見ると，正負の両方があるが，場合によっては，そっくり入れ替わって計算されることもあるが，これは計算上の綾で，結果には影響しないので，気にしなくてよい．

**(手順4)** 第2主成分の計算は，シート'Z1'をコピーしたシート'Z2'を用いて計算する．累積寄与率は，$AF$13のセルに，「=AE13 +'Z1'!AE13」と入力しておく．異なっている点は，第2主成分を計算するとき，すでに求めた第1主成分の固有ベクトルと第2主成分の固有ベクトルを直交させることである．すなわち，式(8.6)に示したように，第1主成分の固有ベクトルと第2主成分の固有ベクトルの積和を0とする制約が加わる．これを制約条件に加える．$AB$5に第1固有値と第2固有値の積和を「=SUMPRODUCT('Z1'!W13:AC13,'Z2'!W13:AC13)」のように，SUMPRODUCT関数で計算しておき，制約条件として$AB$5=0と入力する．

$$\sum_{k=1}^{m} a_{ik}a_{i'k}=0 \quad (i \neq i') \qquad \text{(再掲 8.6)}$$

ソルバーの目的セルには「$W$7」，目標値は最大値，変数セルには「$W$13:$ACT$13」と入力する．第1固有値のときと同じく，固有ベクトルの2乗和を1とする制約があり，「$AD$13=1」と入力する．

以上の準備をしたうえで解決をクリックする．操作画面を**図8.11**に示す．**表8.15**のように計算結果が出る．第2固有値は1.720と求まっており，$W$7と$AD$14に入っている．これを変数の数(主成分の数)7で割った0.246が$AE$13に入っている．これが第2主成分の寄与率で24.6%である．第1主成分と合わせた累積寄与率は全変動の約76%となる．

主成分得点はセルS2:S34に表示されており，固有ベクトルの計算結果はそれぞれ，0.484，0.302，0.155，－0.564，0.212，0.322，0.428である．第4主成分だけが符号が異なり，かつ絶対値の値も大きい．

第2主成分までで，累積寄与率は76%程度に達しているので，ここでや

ソルバーのパラメーター ×

目的セルの設定:(T) $W$7

目標値: ◉ 最大値(M) ○ 最小値(N) ○ 指定値:(V) 0

変数セルの変更:(B)
$W$13:$AC$13

制約条件の対象:(U)
$AB$5 = 0
$AD$13 = 1

追加(A)
変更(C)
削除(D)
すべてリセット(R)
読み込み/保存(L)

☐ 制約のない変数を非負数にする(K)

解決方法の選択:(E) GRG 非線形 オプション(P)

解決方法
滑らかな非線形を示すソルバー問題には GRG 非線形エンジン、線形を示すソルバー問題には LP シンプレックス エンジン、滑らかではない非線形を示すソルバー問題にはエボリューショナリー エンジンを選択してください。

ヘルプ(H) 解決(S) 閉じる(O)

**図 8.11 ソルバーの操作画面(第 2 主成分)**

**表 8.15 第 2 主成分の計算(計算後のシート'Z2'の画面)**

| 主成分得点 |
|---|
| 1.820 |
| -1.393 |
| 0.561 |
| 0.892 |
| 0.960 |
| -0.895 |
| -1.596 |
| -0.842 |
| -1.287 |
| -1.709 |
| -1.311 |
| -1.094 |
| -0.678 |

| 直交条件 z1z2 | 8E-12 |
|---|---|

$Z_1$目的セル→ 1.720

| 第2主成分 | $a_1$ | $a_2$ | $a_3$ | $a_4$ | $a_5$ | $a_6$ | $a_7$ | 2乗和 | 寄与率 | 累積寄与率 |
|---|---|---|---|---|---|---|---|---|---|---|
| 固有ベクトル | 0.484 | 0.302 | 0.155 | -0.564 | 0.212 | 0.322 | 0.428 | 1 | 0.246 | 0.763 |
| 因子負荷量 | 0.635 | 0.396 | 0.204 | -0.740 | 0.278 | 0.422 | 0.561 | 1.720 | | |

めてもよいが，念のため，シート'Z2'をコピーしたシート'Z3'を用いて第 3 主成分を計算する．

累積寄与率は，$AF$13 のセルに「=AE13 +'Z2'!AF13」と入力しておく．

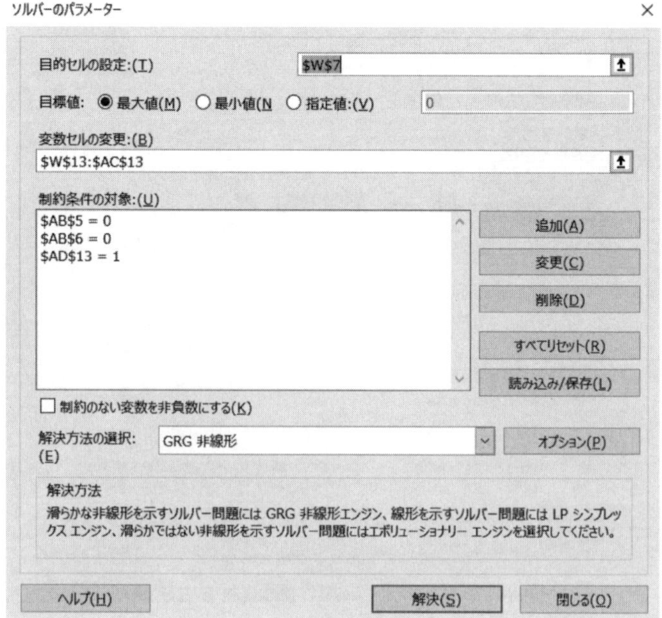


**図 8.12　ソルバーの操作画面(第 3 主成分)**

第 3 主成分の固有ベクトルを求めるときの注意点は，これと第 1 主成分，第 2 主成分の固有ベクトルとの積和をすべて 0 とする制約を追加することである．

$AB$5 セルには「=SUMPRODUCT('Z1'!W13:AC13,'Z3'!W13:AC13)」，$AB$6 セルには「=SUMPRODUCT('Z2'!W13:AC13,'Z3'!W13:AC13)」と入力する．なお，第 3 主成分の固有ベクトルの初期値はすべて 0.5 としておく．

**図 8.12** に主成分のソルバーの操作画面を，**表 8.16** に計算結果を示す．**表 8.16** から第 3 主成分の寄与率は 12.8%，累積の寄与率は 89.2% と十分な値となった．

もし，うまく収束しないときは，**1.7.3 項**の(手順 7)，(手順 8)を参考にするとよい．

**(手順 5)**　第 1 主成分得点と第 2 主成分得点，第 1 主成分得点と第 3 主成分得

表 8.16 第 3 主成分の計算(計算後のシート'Z3'の画面)

| 主成分得点 |
|---|
| -0.294 |
| -0.717 |
| -1.066 |
| -1.276 |
| 1.722 |
| -0.041 |
| -0.593 |
| 0.679 |
| 0.474 |
| -0.655 |
| 0.412 |
| 0.485 |
| 0.651 |
| 0.215 |
| 0.370 |
| 0.557 |
| 0.501 |
| 0.636 |
| -1.278 |
| -0.552 |
| -1.115 |
| 2.119 |
| -1.152 |
| 1.407 |
| 0.072 |
| -1.757 |
| -0.586 |
| 1.314 |
| 0.134 |
| 0.784 |
| 0.525 |
| -1.001 |
| -0.974 |

| | |
|---|---|
| 直交条件 z1z3 | -2E-10 |
| 直交条件 z2z3 | -2E-12 |

$Z_1$目的セル→ 0.899

| 第2主成分 | $a_1$ | $a_2$ | $a_3$ | $a_4$ | $a_5$ | $a_6$ | $a_7$ | 2乗和 | 寄与率 | 累積寄与率 |
|---|---|---|---|---|---|---|---|---|---|---|
| 固有ベクトル | 0.071 | 0.638 | -0.330 | 0.525 | 0.041 | -0.192 | 0.406 | 1 | 0.128 | 0.892 |
| 因子負荷量 | 0.067 | 0.605 | -0.313 | 0.498 | 0.039 | -0.182 | 0.385 | 0.899 | | |

点，第 2 主成分得点と第 3 主成分得点について，これらの散布図を**図 8.13**～**図 8.15** に示す．

**(手順 6)** (手順 1)～(手順 5)の成果は，以下の①～⑥のとおりである．

① 主成分分析の結果

第 1 主成分～第 3 主成分の累積寄与率が 89.2%を示しており，3 つの主成分で全変動(情報量)の 9 割程度を説明できた．このことにより，7

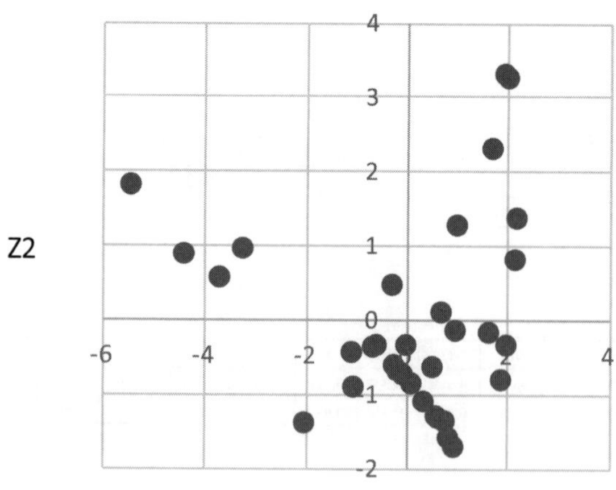


図 8.13　第 1, 2 主成分得点と散布図

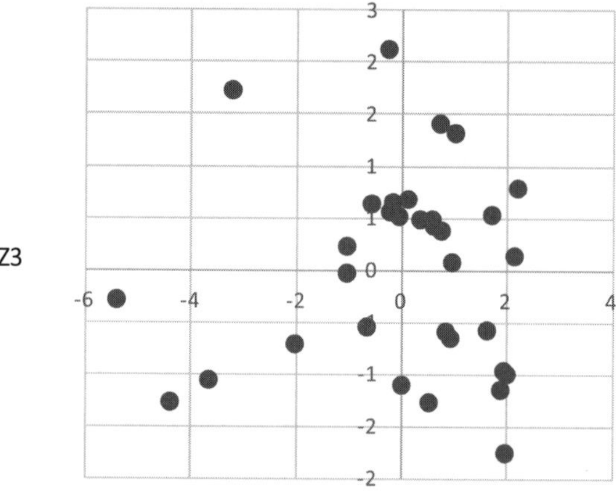


図 8.14　第 1, 3 主成分得点と散布図

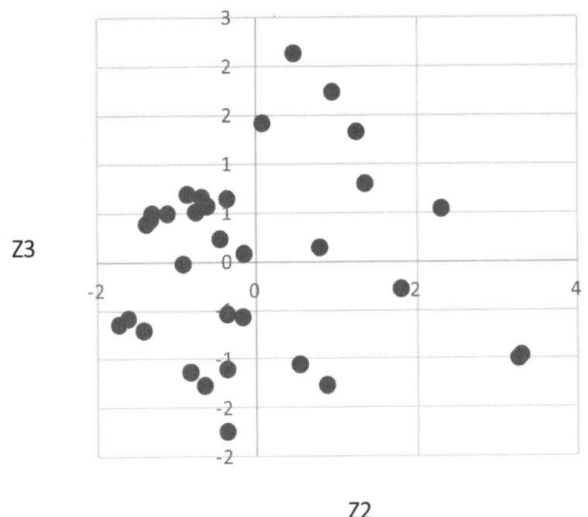


**図 8.15　第 2，3 主成分得点と散布図**

つの変数は，3 つの主成分に要約できた．

②　第 1 主成分の意味

第 1 主成分の固有ベクトルを見ると，第 4 変数を除いて，第 1～第 3 変数が負，第 5～第 7 変数が正，かつ絶対値は同レベルである．第 4 変数はあまり寄与していない．第 1～第 3 変数と，第 6 変数を含む第 5～第 7 変数が逆方向に動いていることを示唆している．前記の方向が．固有技術的には，引裂きズレを大きく(小さく)する方向と考えられるだろう．よって，この第 1 主成分が重要である．

③　第 2 主成分の意味

第 2 主成分の固有ベクトルを見ると，第 4 変数を除いて，すべて正の値であり，これらの符号は，いずれも正となっている．第 4 変数の寄与が最も大きく，ついで，第 1，第 7 変数であり，第 6 変数を含む他の変数はあまり寄与していない．よって，固有技術的には，引き裂き性にはあまり寄与しない主成分と考えられる．

④　第 3 主成分の意味

第 3 主成分の固有ベクトルを見ると，第 2，第 4，第 7 変数を除いて，値は小さい．よって，固有技術的には，引き裂き性にはあまり寄与しない主成分と考えられる．

⑤　特異な点(**図 8.13～図 8.15**)

特に離れた点はないようである．しかし，原点を中心に，「各点が，どの象限のどの位置にあるか」のバランス具合をつかむことにより，ヒントが得られるかもしれない．

⑥　主成分分析結果の解釈

第1主成分の寄与率が51.8%と全体の半分以上を占めている．かつ，引き裂き性に直結するだろう第6変数(引裂きズレ量)の因子負荷量は85.3%に達しており，第6変数の全変動のうち，72.8%($= 0.853^2$)が第1主成分に寄与している．残り6つの主成分への寄与は，合わせて27.2%しかない．

さらに，第5変数の因子負荷量も94.0%に達しており，第5変数の全変動のうち，88.4%($= 0.940^2$)が第1主成分に寄与している．

この2変数を中心に，第4変数(フィルム幅)を除く第1，第2，第3，第7の4変数計6変数が易引き裂き性を取り巻く技術を形成していると思われる．

引裂きズレ量が小さくなる(引き裂き性能は良くなる)のは，原料組成比，リップ間隔が小さくなり，かつ，添加剤量，未延伸フィルム膜厚，延伸倍率が大きくなる方向である．

この知見をもとに，開発部として，今後の開発方針を立てることにする．

## 8.4　おわりに

主成分分析についてExcelの分析ツール，ソルバーで計算できる範囲で解説してきた．

多変量解析法は，大量のデータを扱うので，JUSE-StatWorks/V5などの専用ソフトウェアで計算するのが便利であるが，データを入力すれば，結果をわかりやすい図表や指標で表示してくれる．これで，何となくわかったような気になるという錯覚を起こすことがある．本章のように「Excel の基本的な機能でデータを入力しながら，ステップを踏んで解析を進め，時には思わぬエラーが出て，考え込んだりしながら試行錯誤する」という体験こそが読者の皆さんの実力養成につながると思う．数式を実際に Excel の機能や関数に置き換えることで，主成分分析の深い意味が少しずつわかってくる．このやり方は多変量解析だけでなく，実験計画法，機械学習などの複雑な手法を理解するうえでも，必要なプロセスといえるであろう．

[参考]

JUSE-StatWorks /V5 による解析結果は，以下のとおりである．

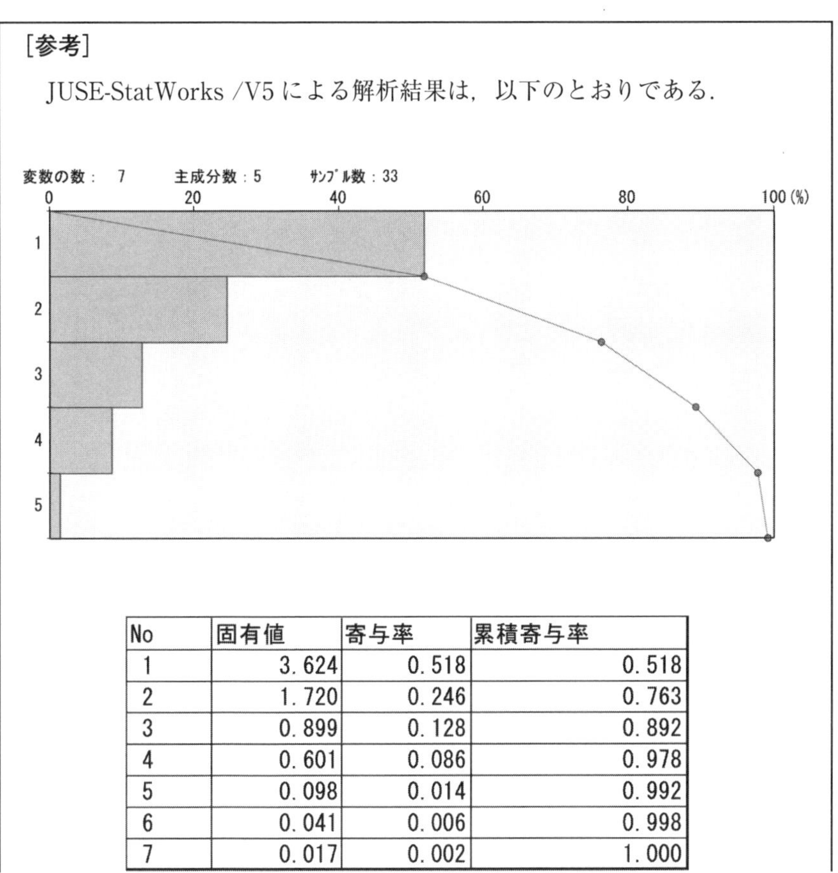


| No | 固有値 | 寄与率 | 累積寄与率 |
|---|---|---|---|
| 1 | 3.624 | 0.518 | 0.518 |
| 2 | 1.720 | 0.246 | 0.763 |
| 3 | 0.899 | 0.128 | 0.892 |
| 4 | 0.601 | 0.086 | 0.978 |
| 5 | 0.098 | 0.014 | 0.992 |
| 6 | 0.041 | 0.006 | 0.998 |
| 7 | 0.017 | 0.002 | 1.000 |

固有ベクトル

主成分数　因子負荷量　主成分得点　同時布置図　予測

固有値　固有ﾍﾞｸﾄﾙ　出発行列　基準化ﾃﾞｰﾀ

変数の数: 7　主成分の数: 5　ｻﾝﾌﾟﾙの数: 33

| No | 変数名 | 主成分1 | 主成分2 | 主成分3 | 主成分4 | 主成分5 |
|---|---|---|---|---|---|---|
| 2 | x1 | -0.395 | -0.484 | 0.071 | 0.146 | 0.159 |
| 3 | x2 | -0.346 | -0.302 | 0.638 | -0.217 | 0.313 |
| 4 | x3 | -0.383 | -0.156 | -0.330 | 0.734 | -0.048 |
| 5 | x4 | 0.081 | 0.564 | 0.525 | 0.535 | 0.263 |
| 6 | x5 | 0.494 | -0.212 | 0.042 | 0.146 | 0.069 |
| 7 | x6 | 0.448 | -0.322 | -0.192 | 0.121 | 0.679 |
| 8 | x7 | 0.356 | -0.427 | 0.406 | 0.263 | -0.583 |

因子負荷量

主成分数　因子負荷量　主成分得点　同時布置図　予測

因子負荷量　因子負荷量ｸﾞﾗﾌ　散布図行列　因子負荷量散布図　三次元図　累積寄与度　累積寄与度ｸﾞﾗﾌ

出発行列: 相関係数行列　主成分の数: 5

| No | 変数名 | 主成分1 | 主成分2 | 主成分3 | 主成分4 | 主成分5 | 累積寄与度 |
|---|---|---|---|---|---|---|---|
| | 固有値 | 3.624 | 1.720 | 0.899 | 0.601 | 0.098 | |
| | 寄与率 | 0.518 | 0.246 | 0.128 | 0.086 | 0.014 | |
| | 累積寄与率 | 0.518 | 0.763 | 0.892 | 0.978 | 0.992 | |
| 2 | x1 | -0.752 | -0.635 | 0.067 | 0.114 | 0.050 | 98.845 |
| 3 | x2 | -0.658 | -0.396 | 0.605 | -0.169 | 0.098 | 99.345 |
| 4 | x3 | -0.729 | -0.204 | -0.313 | 0.569 | -0.015 | 99.523 |
| 5 | x4 | 0.155 | 0.740 | 0.498 | 0.415 | 0.082 | 99.879 |
| 6 | x5 | 0.940 | -0.278 | 0.040 | 0.113 | 0.022 | 97.583 |
| 7 | x6 | 0.854 | -0.423 | -0.182 | 0.094 | 0.213 | 99.436 |
| 8 | x7 | 0.677 | -0.561 | 0.385 | 0.204 | -0.182 | 99.605 |

# 第9章<br>クラスター分析

## 9.1　クラスター分析とは

クラスター分析とは，異質なものが混ざり合っている対象のなかで，互いに似たものを集めて集落(クラスター)をつくり，対象を分類する方法を総称したもので，数値分類法とも呼ばれる[1].

クラスター分析では，似たもの同士を集めるために，類似度や距離を尺度として用いる．例えば，変数間の類似度を測る尺度としては相関係数，サンプル間の類似度としては距離で表すことができる[2]．本章では，個体間の距離を類似度として扱う．すなわち，個体間の距離が近いほど，類似度が高いと判断する．一般的には，距離のように小さい値ほど類似度が高い場合は非類似度という．一方，相関係数のように，大きい値ほど類似性が高い場合は類似度と呼ぶ[1].

クラスター分析には多くの手法があるが，今回は，理解しやすい階層的クラスター分析を取り上げる．なお，非階層的クラスター分析には，機械学習の $k$-means 法などがある[2]．階層的クラスター分析法には，非類似度の距離の計算方法で分類すると，①最短距離法，②最長距離法，③重心法，④メディアン法，⑤ウォード法などがあるが，本書では最も実践的で使用頻度の高い⑥群平均法を解説する.

## 9.2　階層的クラスター分析の概要

階層的クラスター分析の群平均法の計算方法を解説する.

クラスター $p$ にクラスター $q$ を結合してクラスター $t$ をつくることを考え，

それぞれのクラスターの構成単位の数を，$n_p, n_q, n_t$とする．2つのクラスター$p,q$が結合してクラスター$t$を構成する．その際，クラスター$t$と他のクラスター$r$との距離$d_{tr}$は，クラスター$r$とクラスター$p$，クラスター$q$との距離を，それぞれ，$d_{pr}, d_{qr}$として，式(9.1)で計算する．

$$d_{tr}=\frac{n_p d_{pr}+n_q d_{qr}}{n_p+n_q} \tag{9.1}$$

つまり，距離$d_{tr}$はクラスター$p$とクラスター$q$との距離の加重平均である．

## 9.3　解析の方法

次の例題を考えよう．

**[例題 9.1]**

ある企業の製品の特徴をまとめる目的で，クラスター分析を適用してみよう．Excel で解析し，クラスター分析の手順を理解することを目的とするので，データは6組と少数にした．商品の特徴を**表 9.1** に示す．

**表 9.1　商品の特徴データ（10点満点での得点）**

| 商品 | 外観 | 性能 | 価格 |
|---|---|---|---|
| A | 10 | 10 | 10 |
| B | 7 | 9 | 5 |
| C | 5 | 7 | 9 |
| D | 6 | 7 | 3 |
| E | 3 | 5 | 5 |
| F | 4 | 6 | 7 |

数百組，数千組のデータを解析するに際しては，手計算はもちろん，Excel で解析するにしても結構大変なので，対応できるデータの組数には

限度がある．そのときはJUSE-StatWorks/V5などの汎用ソフトウェアを使うとよい．

■解析

(手順1)　今回は，最も基本的なユークリッド距離で，商品間の距離を求める．**表9.2**のように，**表9.1**を転置したデータ表を用意する．具体的には，Excelのコピー機能のペーストにおいて，「形式を選択して貼り付け」を選び，「行/列の入れ替え」を選択すればよい，

**表9.2　表9.1の行と列を転置したデータ**

| 商品 | A | B | C | D | E | F |
|---|---|---|---|---|---|---|
| 外観 | 10 | 7 | 5 | 6 | 3 | 4 |
| 性能 | 10 | 9 | 7 | 7 | 5 | 6 |
| 価格 | 10 | 5 | 9 | 3 | 5 | 7 |

**表9.1**，**表9.2**のデータからユークリッド距離を求める．例えば，製品AとBのユークリッド距離$L$は式(9.2)で求める．

$$L=\sqrt{\begin{array}{l}(\text{製品Aの外観}-\text{製品Bの外観})^2+(\text{製品Aの性能}-\text{製品Bの性能})^2\\+(\text{製品Aの価格}-\text{製品Bの価格})^2\end{array}} \tag{9.2}$$

計算結果を**表9.3**に示す．

(手順2)　**表9.3**の距離行列から，距離が最小の商品をMIN関数で探すが，対角要素が0なので，0以外の数字の入った各列のセルについて最小値を見つける[3]．

MIN関数は，「= MIN(対角要素の0より下の範囲)」として用いる．**表9.4**のAの列で例示すると，セルB25に，「= MIN(B20：B24)」と入力する．その結果，網かけしたセルの中から，製品C,Fが該当し，クラスター(C,F)を構成する[1)]．

**表9.3　ユークリッド距離行列(対称行列なので，対角要素より上は省略してある)**

| | A | B | C | D | E | F |
|---|---|---|---|---|---|---|
| A | 0 | | | | | |
| B | 5.92 | 0 | | | | |
| C | 5.92 | 4.90 | 0 | | | |
| D | 8.60 | 3.00 | 6.08 | 0 | | |
| E | 9.95 | 5.66 | 4.90 | 4.12 | 0 | |
| F | 7.81 | 4.69 | 2.45 | 4.58 | 2.45 | 0 |

**表9.4　最小値**

| | A | B | C | D | E | F | G |
|---|---|---|---|---|---|---|---|
| 17 | | | | | | | |
| 18 | | A | B | C | D | E | F |
| 19 | A | 0 | | | | | |
| 20 | B | 5.92 | 0 | | | | |
| 21 | C | 5.92 | 4.90 | 0 | | | |
| 22 | D | 8.60 | 3.00 | 6.08 | 0 | | |
| 23 | E | 9.95 | 5.66 | 4.90 | 4.12 | 0 | |
| 24 | F | 7.81 | 4.69 | 2.45 | 4.58 | 2.45 | 0 |
| 25 | 最小値 | 5.92 | 3.00 | 2.45 | 4.12 | 2.45 | – |

(**手順3**)　クラスターの距離の計算方法は，先に述べたように群平均法を用いる．群平均法は，各クラスターに含まれる要素数をかけ，クラスターの要素数で割った加重平均である．式(9.1)が計算式であるが，以下に，内容をわかりやすく記す．

新しいクラスターの距離

={((結合するクラスターの距離)×結合するクラスターの要素数)+(結合されるクラスターの距離)×結合されるクラスターの要素数)}/

1)　(E,F)としてもよく，結果は同様である．→(自由演習9.1)を参照．

**表 9.5　クラスター(C,F)を結合したときの商品の特徴データ**

| 商品 | 外観 | 性能 | 価格 |
|---|---|---|---|
| A | 10 | 10 | 10 |
| B | 7 | 9 | 5 |
| (C,F) | 4.5 | 6.5 | 8 |
| D | 6 | 7 | 3 |
| E | 3 | 5 | 5 |

**表 9.6　クラスター(C,F)を結合したときの距離(対角要素より上は省略)**

| | A | B | (C,F) | D | E |
|---|---|---|---|---|---|
| A | 0 | | | | |
| B | 5.92 | 0 | | | |
| (C,F) | 6.82 | 4.64 | 0 | | |
| D | 8.60 | 3.00 | 5.24 | 0 | |
| E | 9.95 | 5.66 | 3.67 | 4.12 | 0 |
| 最小値 | 5.92 | 3.00 | 3.67 | 4.12 | — |

(結合するクラスターの要素数＋結合されるクラスターの要素数)

**表 9.4** では，C と F が結合されるクラスターになる．新しいクラスターを(C,F)とし，クラスター(C,F)を結合したときの商品の特徴データは，式(9.1)と同様に加重平均で求めると，**表 9.5** が得られる．これをもとに，(C,F)と他のクラスター A,B,D,E との距離を式(9.1)で計算すると，**表 9.6** が得られる．

**(手順 4)**　**表 9.6** では，B と D が結合されるクラスターになる．新しいクラスターを(B,D)とし，クラスター(B,D)を結合したときの商品の特徴データは，式(9.1)と同様に加重平均で求めると，**表 9.7** が得られる．これをもとに，(B,D)と他のクラスター A,(C,F),E との距離を式(9.1)で計算すると，**表**

表9.7 クラスター(B,D)を結合したときの商品の特徴データ

| 商品 | 外観 | 性能 | 価格 |
|---|---|---|---|
| A | 10 | 10 | 10 |
| (B,D) | 6.50 | 8 | 4 |
| (C,F) | 4.50 | 6.50 | 8 |
| E | 3 | 5 | 5 |

表9.8 クラスター(B,D)を結合したときの距離(対角要素より上は省略)

| | A | (B,D) | (C,F) | E |
|---|---|---|---|---|
| A | 0 | | | |
| (B,D) | 7.23 | 0 | | |
| (C,F) | 6.82 | 4.72 | 0 | |
| E | 9.95 | 4.72 | 3.67 | 0 |
| 最小値 | 6.82 | 4.72 | 3.67 | — |

表9.9 クラスター{E,(C,F)}を結合したときの商品の特徴データ

| 商品 | 外観 | 性能 | 価格 |
|---|---|---|---|
| A | 10 | 10 | 10 |
| (B,D) | 6.50 | 8 | 4 |
| {E(C,F)} | 4 | 6 | 7 |

**9.8**が得られる.

(**手順5**) **表9.8**では,Eと(C,F)が結合されるクラスターになる.この新しいクラスター{E(C,F)}を結合したときの商品の特徴データは**表9.9**となる.これをもとに,{E(C,F)}と他のクラスターA,(B,D)との距離を式(9.1)で計算すると,**表9.10**が得られる.

(**手順6**) **表9.10**で,結合するクラスターは,(B,D)と{E(C,F)}になる.この新しいクラスター[(B,D),{E(C,F)}]を結合したときの商品の特徴デー

表 9.10　凝集過程の最終の直前のステップ(対角要素より上は省略)

| | A | (B,D) | {E(C,F)} |
|---|---|---|---|
| A | 0 | | |
| (B,D) | 7.23 | 0 | |
| {E(C,F)} | 7.81 | 4.39 | 0 |
| 最小値 | 7.23 | 4.39 | — |

表 9.11　クラスター([(B,D), {E(C,F)}]を結合したときの商品の特徴データ

| 商品 | 外観 | 性能 | 価格 |
|---|---|---|---|
| A | 10 | 10 | 10 |
| [(B,D), {C(E,F)}] | 5 | 6.80 | 5.80 |

表 9.12　凝集過程の最終のステップ(対角要素より上は省略)

| | A | [(B,D), {C(E,F)}] |
|---|---|---|
| A | 0 | |
| [(B,D), {E(C,F)}] | 7.27 | — |

表 9.13　デンドログラムのデータ

| ステップ | C | (C,F) | F | {E(C,F)} | E | [(B,D), {E(C,F)}] | B | (B,D) | D | A |
|---|---|---|---|---|---|---|---|---|---|---|
| 1 | 2.45 | 2.45 | 2.45 | | | | | | | |
| 2 | | | | | | | 3.00 | 3.00 | 3.00 | |
| 3 | | 3.67 | 3.67 | 3.67 | 3.67 | | | | | |
| 4 | | | | 4.39 | | | | 4.39 | | |
| 5 | | | | | | 7.27 | 7.27 | 7.27 | 7.27 | 7.27 |

タは表 **9.11** となる．これをもとに，[(B,D), {E(C,F)}]と他のクラスター A との距離を式(9.1)で計算すると，表 **9.12** が得られる．

**(手順 7)**　凝集過程を Excel で綺麗なグラフにすることは難しいが，表 **9.13**

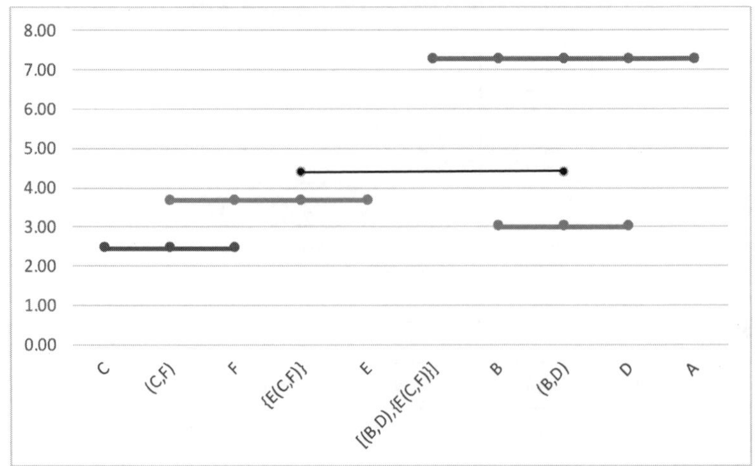


図 9.1　デンドログラムの基本グラフ

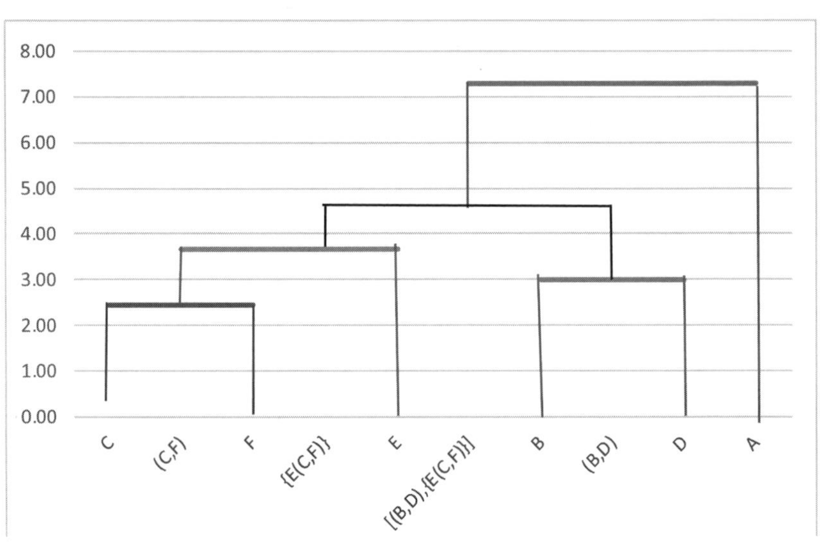


図 9.2　デンドログラム 1

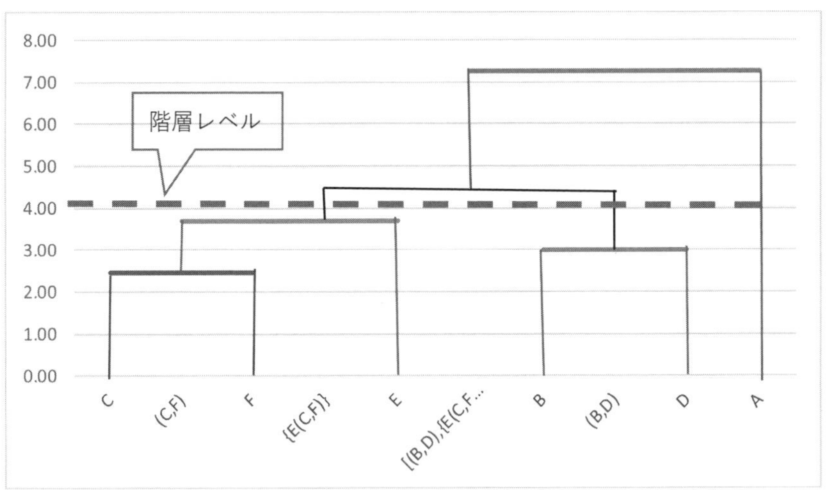


図 9.3　デンドログラム 2

表 9.14　クラスターごとのデータ

| 商品 | 外観 | 性能 | 価格 | クラスター |
|---|---|---|---|---|
| A | 10 | 10 | 10 | 3 |
| B | 7 | 9 | 5 | 2 |
| C | 5 | 7 | 9 | 1 |
| D | 6 | 7 | 3 | 2 |
| E | 3 | 5 | 5 | 1 |
| F | 4 | 6 | 7 | 1 |

のような表を工夫すると，デンドログラムの基本的な点のプロットができる．

**表 9.13** のデータで，折れ線グラフを描くと**図 9.1** になる．**図 9.1** のグラフに，作図機能で縦線を入れ，マーカーのオプションで「マーカーなし」にすればデンドログラムに近いものができる．**図 9.2** に例を示す．

**(手順 8)**　どの階層で，デンドログラムを切るかを決め，クラスターの分類を決める．**図 9.3** の例は，(C,E,F)，(B,D)，A の 3 つのクラスターで分類

表 9.15　各クラスターの特徴

| クラスター | データの個数／商品 | 外観の平均 | 性能の平均 | 価格の平均 | コメント |
|---|---|---|---|---|---|
| 1 | 3 | 4 | 6 | 7 | 普及品 |
| 2 | 2 | 6.5 | 8 | 4 | 中級品 |
| 3 | 1 | 10 | 10 | 10 | 高級品 |
| 合計 | 6 | 5.83 | 7.33 | 6.50 | |

したことになる．3分類した商品の特徴をピボットテーブルにまとめると**表 9.14**，**表 9.15** になる．

**(自由演習 9.1)**

［例題 9.1］の(手順 2)で，(C,F)に変えて(E,F)を先に結合したらどうなるか，試してみよ．

## 9.4　おわりに

以上のように，クラスター分析の概要と Excel を利用したクラスター分析の解析手順を解説した．実際に数万個のデータで解析するときは，Excel でも現実的でないので，専用ソフトで解析するのが実務的である．非類似度の尺度も数種類あるので，どの尺度がデータに関して適切か，さまざまな視点で解析する必要がある．なお，(手順 9)のクラスターの意味付けは，解析者がする必要があるので，クラスターの特性による分類・整理がしやすいソフトを選定するとよい．

# 第10章
# その他の多変量解析，および留意事項

第2章から第9章で，多変量解析の代表的な手法の概要を解説した．これだけ知っていれば，実務に充分であるといえるが，読者の皆さんの将来の発展のために，本章では，それ以外の方法についても，簡単に紹介しておこう[1]．

## 10.1　その他の多変量解析

代表的なその他の多変量解析の概要を表10.1に示す．正準相関分析とMTシステムについては，10.2節，10.3節で説明する．

## 10.2　正準相関分析

正準相関分析は，2組の変数の組があって，第1の組と第2の組との相関関係に関する次元を減らす手法である．

具体的な例でいえば，第1の組が原因系(原料特性，製造条件，あるいは，対象の評価値，アンケートの結果)である$k$個の変数$\boldsymbol{x}$で，第2の組が結果系(製品特性や評価対象の特徴・特性)である$k'$個の変数$\boldsymbol{y}$のときの，両組間の相関関係をイメージするとわかりやすい．

$k=30$，$k'=10$のとき，普通に相関係数を考えると${}_{40}C_2=780$通りの相関係数を考えることになる．これでは煩雑すぎて手に負えない．

そこで，まず，原因系$\boldsymbol{x}$間と，結果系$\boldsymbol{y}$間のそれぞれの組内で互いに無相関となるよう，変数$\boldsymbol{x}$，$\boldsymbol{y}$を変数$\boldsymbol{u}$，$\boldsymbol{v}$に変換する．そして，$\boldsymbol{u}$，$\boldsymbol{v}$に関して，$u_i$と$v_{i'}$の間も無相関とする($i=1, 2, \cdots, k$，$i'=1, 2, \cdots, k'$；$i \neq i'$)．そのうえで，$\boldsymbol{u}$，$\boldsymbol{v}$に関して，大きいほうから順に原因系と結果系間の相関$\boldsymbol{r}$(正準相関と呼ぶ)を考え，原因系のどの特性が結果系のどの特性と相関が大きいのかを見る．

**表 10.1　その他の多変量解析の種類**

| | |
|---|---|
| **数量化理論Ⅱ類** | 判別分析と同様にグループ間に境界線を求める手法であり，質的なデータを説明変数にする場合に該当する．例えば，男/女，年代，喫煙の有/無などから，脳卒中に「なる/ならない」の予測をする場合である． |
| **因子分析**注) | 複雑な現象について背後に潜む原因を探るための手法である．多くの説明変数に存在する共通因子を探り特定する．具体的には，潜在ニーズを探ったり，商品イメージを分析する際などに用いられる手法である．例えば，「数学，物理，化学の成績がよいのは，理系の能力があるからだ」と理解する．<br>因子分析は，「ちょっと見では複雑に見える現象も，比較的少数の潜在要因によって説明できる」という原則にもとづく．これまで工業や農業の分野ではあまり用いられず，医学，生物学，経済学の分野で用いられてきた． |
| **数量化理論Ⅲ類/コレスポンデンス分析** | 主成分分析と同じ目的で使う手法で，多くの変数を要約する．変数が(0,1)データの場合は数量化理論Ⅲ類といわれる．クロス集計表などの量的データの場合はコレスポンデンス分析，対応分析などといわれる． |
| **MDS(多次元尺度構成法)** | 評価の対象の類似性を距離とし，多次元空間の点として視覚的に配置する．例えば，全世界の都市間の飛行機での所要時間(距離が近いほど時間が短いとして)だけから世界地図を作ることができる． |
| **コンジョイント分析** | 商品コンセプトを最適決定するための代表的な多変量解析法である．個別の要素を評価するのではなく，商品全体の評価(全体効用値)を算出することで，個々の要素の購買への影響度合い(部分効用値)を算出する． |

注）因子分析は観測データが合成量であると仮定し，個々の構成要素を得ようとすることが目的である．主成分分析と混同されることも多いが，両者は因果関係を異にする．

このようにすれば，第1正準相関係数$r_1$は原料系と結果系の最大の相関であり，このような$\boldsymbol{u}$，$\boldsymbol{v}$に関して，その中身を固有技術的．理論的，経験的に吟味することができる．第2正準相関係数以降も同様に，必要なところまで検討する．

正準相関分析と他の手法とは，**表 10.2** のように関連づけることができる[1)]．

表 10.2 正準相関分析と他の手法との関連

| 結果系の変数 $y$ の数 ＼ 原因系の変数 $x$ の数 | 0 個 | 1 個 | 多数 |
|---|---|---|---|
| 1 個 | | 単回帰分析 | 複数回の単回帰分析 |
| 多数 | 主成分分析 | 重回帰分析 | 正準相関分析 |

## 10.3 MT システム

近時，品質工学のなかでも比較的新しい手法であるMT システムが精力的に活用されている．MT 法のほかに，MTA ／ MTS 法，T 法など，いくつかの方法があり，画像処理などのデータの判定に利用されている．パラメータ設計において，既存のデータから有効な因子に「大網を打つ」ときや，検査の自動化などにも有効である．

### 10.3.1 MT システムと判別分析

MT 法は「普通と異なる状態」を解析する方法といえるので，**第 7 章**の判別分析とよく似ているように思える．

線形判別分析では，判定するサンプルは，カテゴリー 1 とカテゴリー 2 の 2 つのカテゴリーの双方からのマハラノビス汎距離を求め，どちらのカテゴリーに近いかを判定する．

これに対し，MT 法では，まず，単位空間という普通の状態であるカテゴリー 1 について十分に検討しておく．対象であるデータ群(信号空間という)が得られたとき，信号空間の単位空間からの距離を求める．そして，この距離がカテゴリー 1 の範囲内になければ(5% 有意になれば)，カテゴリー 1 に属さないと考える．

1） 判別分析も正準相関分析の特殊な場合と考えることができる．

## 10.4 多重共線性

本節では，多変量解析にとって鬼門とでもいうべき多重共線性について述べる．例えば，重回帰分析で偏回帰係数を求めるとき，情報行列の逆行列を求める．しかし，逆行列が求められない場合がある．それは情報行列の行列式の値が 0，もしくは，0 に近い場合である．このようなときは逆行列の計算は破綻する(**付録** C を参照)．

この状態を多重共線性(multicollinearity)，もしくは，それに近い状態が存在しているという．2 変数の場合でいえば，$x_1$と$x_2$の相関関係が ± 1，もしくは，それに近い状態のときに多重共線性，もしくは，これに近い状態が発生する．$n$ 個の点$(x_{1i},\ x_{2i})(i=1, 2, \cdots, n)$が直線上に並んでいることは通常あり得ないことであるが，ある説明変数$x_k$を回帰式に追加するとき，他の説明変数との間に ± 1，もしくは，それに近い相関関係があれば，$x_k$はすでに他の説明変数で説明されており，追加する意義は薄い．これに気づかず$x_k$をモデルに組み込むと逆行列を求める計算のなかで分母が 0 に近い割り算が発生し，解が不安定(データのちょっとした違いで推定される回帰平面，偏回帰係数が大きく変わってくる状態)となったり，極端な場合では偏回帰係数に理解に苦しむ符号が付いたりする(プラスと想定したのにマイナスになっている場合など)．

実験計画的に行った場合はこういう状況を避けることができる．とりわけ，直交計画の場合は多重共線性は生じない．しかし，そうでない場合，何らかの制御もしくは管理がなされているときがあり，知らないうちに多重共線性が発生するので，過去のデータを用いて解析する場合などには注意を要する．

上記のように説明変数間の相関係数が ± 1 か，それに近い場合は多重共線性に近い状態が起こり得る．この状況への対応としては，①相関の強い変数群を代表する 1 つに絞る，②相関の強い変数群を新しい 1 つの総合変数に変換する，③変数変換等を行い相関係数を小さくする[2)]，などの対処が必要になる．

---

2） 曲線回帰において，$x$ と$x^2$の相関は一般に高いので，これらの代わりに，$x-\bar{x}$や$(x-\bar{x})^2$を用いるなどの処理が例示される．

# 付　録

## [付録 A]　直交多項式

これから実験してデータをとる場合は，直交計画を用いることが好ましい．実験計画において，ある因子の水準が等間隔で，しかも，各水準での繰返し数が等しいとき，直交多項式を用いることで因子の 1 次項，2 次項の効果を個別(独立)に解析することができる[1)]．

一般の重回帰分析ではモデルフィッティングに重きが置かれ，さらに直交性を加味することで，直線的な応答と曲線的な応答とを切り離した技術的解釈が可能となり，あてはめたモデルの技術的解釈が容易となる利点がある．

3 水準の水準値$x=x_1, x_2, x_3$が等間隔なら，$x$ の 1 次式，2 次式は，適当な変換によって$z_1=(1,0,-1)$，$z_2=(1,-2,1)$とできる[2)]．$z_1$は$x$の$y$への直線的効果，$z_2$は 2 次曲線的な効果を表すが，$z_1$，$z_2$の 3 つの要素の和は，$1+0+(-1)=0$，$1+(-2)+1=0$ であり，積和も，$1\times1+0\times(-2)+(-1)\times1=0$ である．すなわち，両者は直交し，$z_1$，$z_2$による情報行列は対角行列となるので，逆行列は，対角要素の逆数をとればよいだけとなり，簡単に求まる(**付録 C** を参照)．多項式回帰に直交性を利用した解析手法を直交多項式という．

しかし，パソコンが発達した現在，ほとんど利用されなくなっている．詳細は参考文献を参照されたい[1]．ちなみに，水準が等間隔の場合の 1 次と 2 次の

---

1）　水準が等間隔の場合の因子の水準数とその係数については，参考文献[2]を参照されたい．等間隔でない場合も直交多項式を作ることは可能であるが，相当に厄介となる．

2）　これらは，一般に線形直交対比と呼ばれるものであるが，ここでは詳しくは述べない．詳細は，参考文献[3]を参照されたい．

直交多項式を式(A.1)と式(A.2)に記載しておく[3]．$X_1(x)$と$X_2(x)$は直交し，相関係数は0である．

$$X_1(x)=x-\bar{x} \tag{A.1}$$

$$X_2(x)=(x-\bar{x})^2-\left(\frac{k^2-1}{12}\right)h^2 \quad (k：水準数，h：x の水準間隔) \tag{A.2}$$

## [付録B]　マハラノビス(汎)距離

**7.3.1**項において，点$(x_1, x_2)$の群1，群2からのマハラノビス距離は式(B.1)で与えられる．添字①，②はそれぞれ，群1，群2を示す．

$$D_1^2=\frac{1}{1-\rho^2}\left[\left(\frac{x_1-\mu_{1①}}{\sigma_1}\right)^2-\frac{2\rho}{\sigma_1\sigma_2}(x_1-\mu_{1①})(x_2-\mu_{2①})+\left(\frac{x_2-\mu_{2①}}{\sigma_2}\right)^2\right]$$

$$D_2^2=\frac{1}{1-\rho^2}\left[\left(\frac{x_1-\mu_{1②}}{\sigma_1}\right)^2-\frac{2\rho}{\sigma_1\sigma_2}(x_1-\mu_{1②})(x_2-\mu_{2②})+\left(\frac{x_2-\mu_{2②}}{\sigma_2}\right)^2\right] \tag{B.1}$$

$$D_2^2-D_1^2=\frac{1}{1-\rho^2}\left[\begin{array}{l}\left\{\left(\frac{x_1-\mu_{1②}}{\sigma_1}\right)^2-\frac{2\rho}{\sigma_1\sigma_2}(x_1-\mu_{1②})(x_2-\mu_{2②})+\left(\frac{x_2-\mu_{2②}}{\sigma_2}\right)^2\right\}\\-\left\{\left(\frac{x_1-\mu_{1①}}{\sigma_1}\right)^2-\frac{2\rho}{\sigma_1\sigma_2}(x_1-\mu_{1①})(x_2-\mu_{2①})+\left(\frac{x_2-\mu_{2①}}{\sigma_2}\right)^2\right\}\end{array}\right]$$

$$=\frac{1}{1-\rho^2}\left[\begin{array}{l}\left\{\begin{array}{l}\left(\frac{x_1^2-2x_1\mu_{1②}+\mu_{1②}^2}{\sigma_1^2}\right)-\frac{2\rho}{\sigma_1\sigma_2}(x_1x_2-x_1\mu_{2②}-x_2\mu_{1②}+\mu_{1②}\mu_{2②})\\+\left(\frac{x_2^2-2x_2\mu_{2②}+\mu_{2②}^2}{\sigma_2}\right)\end{array}\right\}\\-\left\{\begin{array}{l}\left\{\left(\frac{x_1^2-2x_1\mu_{1①}+\mu_{1①}^2}{\sigma_1^2}\right)-\frac{2\rho}{\sigma_1\sigma_2}(x_1x_2-x_1\mu_{2①}-x_2\mu_{1①}+\mu_{1①}\mu_{2①})\right.\\\left.+\left(\frac{x_2^2-2x_2\mu_{2①}+\mu_{2①}^2}{\sigma_2}\right)\right\}\end{array}\right\}\end{array}\right]$$

$$=\frac{2}{1-\rho^2}\left[\begin{array}{l}\left(\frac{(\mu_{1①}-\mu_{1②})x_1-\frac{\mu_{1①}^2-\mu_{1②}^2}{2}}{\sigma_1^2}\right)+\left(\frac{(\mu_{2①}-\mu_{2②})x_2-\frac{\mu_{2①}^2-\mu_{2②}^2}{2}}{\sigma_2^2}\right)\\-\frac{\rho}{\sigma_1\sigma_2}\{(\mu_{2①}-\mu_{2②})x_1+(\mu_{1①}-\mu_{1②})x_2-(\mu_{1①}\mu_{2①}-\mu_{1②}\mu_{2②})\}\end{array}\right]$$

---

3）［例題6.2］において，2次項を$(x-\bar{x})^2-800$と置く場合が例示されているが，これは，式(A.2)に$k=5$，$h=20$を代入したものである．

$$=\frac{2}{1-\rho^2}\left[\begin{array}{l}\left(\frac{(\mu_{1①}-\mu_{1②})}{\sigma_1^2}-\frac{\rho}{\sigma_1\sigma_2}(\mu_{2①}-\mu_{2②})\right)\left(x_1-\frac{\mu_{1①}+\mu_{1②}}{2}\right)\\+\left(\frac{(\mu_{2①}-\mu_{2②})}{\sigma_2^2}-\frac{\rho}{\sigma_1\sigma_2}(\mu_{1①}-\mu_{1②})\right)\left(x_2-\frac{\mu_{2①}+\mu_{2②}}{2}\right)\\-\frac{\rho}{\sigma_1\sigma_2}\{(\mu_{1①}\mu_{2①}-\mu_{1②}\mu_{2②})\}\end{array}\right] \tag{B.2}$$

$D_2^2-D_1^2$は式(B.2)となるが，これが0であれば，両群からの距離は等しい．正であれば，点$(x_1, x_2)$は群1に近く，負であれば群2に近いということになって判別が可能となる．

式(B.2)の最後の式において，2を省略し，定数項を別に考える．左辺を$z$と置き，$x_1$，$x_2$にかかる係数を$\boldsymbol{a}=(a_1, a_1)^T$と置けば，式(B.3)のように書け，$\boldsymbol{a}$は式(B.4)のように書くことができる．

$$z=a_1\left(x_1-\frac{\mu_{1①}+\mu_{1②}}{2}\right)+a_2\left(x_2-\frac{\mu_{2①}+\mu_{2②}}{2}\right) \tag{B.3}$$

$$\boldsymbol{a}=\begin{pmatrix}\frac{(\mu_{1①}-\mu_{1②})}{\sigma_1^2}-\frac{\rho}{\sigma_1\sigma_2}(\mu_{2①}-\mu_{2②})\\ \frac{(\mu_{2①}-\mu_{2②})}{\sigma_2^2}-\frac{\rho}{\sigma_1\sigma_2}(\mu_{1①}-\mu_{1②})\end{pmatrix}/(1-\rho^2) \tag{B.4}$$

さて，$x_1$，$x_2$の分散・共分散行列を$\boldsymbol{\Sigma}$と書くと，$\boldsymbol{\Sigma}$と$\boldsymbol{\Sigma}^{-1}$は式(B.5)となる．

$$\boldsymbol{\Sigma}=\begin{pmatrix}\sigma_1^2 & \rho\sigma_1\sigma_2\\ \rho\sigma_1\sigma_2 & \sigma_2^2\end{pmatrix}\qquad \boldsymbol{\Sigma}^{-1}=\frac{1}{1-\rho^2}\begin{pmatrix}1/\sigma_1^2 & -\rho/\sigma_1\sigma_2\\ -\rho/\sigma_1\sigma_2 & 1/\sigma_2^2\end{pmatrix} \tag{B.5}$$

ここで，$\boldsymbol{\delta}=(\delta_1, \delta_2)^T$と置き，$\boldsymbol{\Sigma}$と$\boldsymbol{a}$の積を考えると，式(B.6)のように，それぞれ，$x_1$の群1と群2の平均差，$x_2$の群1と群2の平均差$\boldsymbol{\delta}$となっている．

$$\boldsymbol{\Sigma a}=\begin{pmatrix}\sigma_1^2 & \rho\sigma_1\sigma_2\\ \rho\sigma_1\sigma_2 & \sigma_2^2\end{pmatrix}\begin{pmatrix}\frac{(\mu_{1①}-\mu_{1②})}{\sigma_1^2}-\frac{\rho}{\sigma_1\sigma_2}(\mu_{2①}-\mu_{2②})\\ \frac{(\mu_{2①}-\mu_{2②})}{\sigma_2^2}-\frac{\rho}{\sigma_1\sigma_2}(\mu_{1①}-\mu_{1②})\end{pmatrix}/(1-\rho^2)$$

$$=\begin{pmatrix}(\mu_{1①}-\mu_{1②})-\dfrac{\rho\sigma_1}{\sigma_2}(\mu_{2①}-\mu_{2②})+\dfrac{\rho\sigma_1}{\sigma_2}(\mu_{2①}-\mu_{2②})-\rho^2(\mu_{1①}-\mu_{1②})\\ \dfrac{\rho\sigma_2}{\sigma_1}(\mu_{1①}-\mu_{1②})-\rho^2(\mu_{2①}-\mu_{2②})+(\mu_{2①}-\mu_{2②})-\dfrac{\rho\sigma_2}{\sigma_1}(\mu_{1①}-\mu_{1②})\end{pmatrix}/(1-\rho^2)$$

$$=\begin{pmatrix}(\mu_{1①}-\mu_{1②})-\rho^2(\mu_{1①}-\mu_{1②})\\ -\rho^2(\mu_{2①}-\mu_{2②})+(\mu_{2①}-\mu_{2②})\end{pmatrix}/(1-\rho^2)=\begin{pmatrix}\mu_{1①}-\mu_{1②}\\ \mu_{2①}-\mu_{2②}\end{pmatrix}=\begin{pmatrix}\delta_1\\ \delta_2\end{pmatrix}=\delta \tag{B.6}$$

$\boldsymbol{\Sigma}$と$\boldsymbol{\delta}$はデータから計算できるので，$\boldsymbol{\Sigma a}=\boldsymbol{\delta}$の両辺に左から$\boldsymbol{\Sigma}^{-1}$をかければ，$\boldsymbol{\Sigma}^{-1}\boldsymbol{\Sigma a}=\boldsymbol{\Sigma}^{-1}\boldsymbol{\delta}$より式(B.7)が得られ，未知の$\boldsymbol{a}$が推定できる．

$$\boldsymbol{a}=\boldsymbol{\Sigma}^{-1}\boldsymbol{\delta} \tag{B.7}$$

## [付録C]　最小2乗法とデータの直交性

重回帰分析に限らず，いろいろな場面において基本となる最小2乗法とデータの直交性について述べる．まず，一般線形モデルに最小2乗法を適用した場合の手順を行列形式で表現すると，式(C.1)となる．

$$\left.\begin{array}{l}\boldsymbol{y}=\boldsymbol{X\beta}+\boldsymbol{e}\quad\rightarrow\quad\boldsymbol{e}=\boldsymbol{y}-\boldsymbol{X\beta}\\ Q=\boldsymbol{e}^T\boldsymbol{e}=(\boldsymbol{y}-\boldsymbol{X\beta})^T(\boldsymbol{y}-\boldsymbol{X\beta})\\ \dfrac{dQ}{d\beta}=1\quad\rightarrow\quad-2\boldsymbol{X}^T(\boldsymbol{y}-\boldsymbol{X\beta})=0\quad\rightarrow\quad\boldsymbol{X}^T\boldsymbol{X\beta}=\boldsymbol{X}^T\boldsymbol{y}\\ \widehat{\boldsymbol{\beta}}=(\boldsymbol{X}^T\boldsymbol{X})^{-1}\boldsymbol{X}^T\boldsymbol{y}\end{array}\right\} \tag{C.1}$$

（$\boldsymbol{y}, \boldsymbol{\beta}, \boldsymbol{e}$は，それぞれ，データ，回帰母数，残差(誤差)の列ベクトル，$\boldsymbol{X}$はデザイン行列を示す.）

ここで，情報行列$\boldsymbol{X}^T\boldsymbol{X}$が対角行列，すなわち対角線以外の要素がすべて0であるとき，各データは直交しているという．したがって，その逆行列$(\boldsymbol{X}^T\boldsymbol{X})^{-1}$も対角行列となる．具体例として，交互作用のない7因子を取り上げる実験数8回の典型的な実験として，$\boldsymbol{L}_8$直交表実験と単因子逐次実験[4)]を取り上げ，直交計画の優位性について説明する．

4）　単因子逐次実験は，1因子ずつ，逐次，水準を振っていくやり方で，直交計画ではない．実験計画法における1元配置，繰返し数の等しい2元配置実験，直交表実験などは直交計画の代表列である．

表 C.1 L8直交表実験と単因子逐次実験のデザイン行列

直交実験のデザイン行列 $\boldsymbol{X}$

| $\mu$ | $A$ | $B$ | $C$ | $D$ | $F$ | $G$ | $H$ |
|---|---|---|---|---|---|---|---|
| 1 | 1 | 1 | 1 | 1 | 1 | 1 | 1 |
| 1 | 1 | 1 | 1 | -1 | -1 | -1 | -1 |
| 1 | 1 | -1 | -1 | 1 | 1 | -1 | -1 |
| 1 | 1 | -1 | -1 | -1 | -1 | 1 | 1 |
| 1 | -1 | 1 | -1 | 1 | -1 | 1 | -1 |
| 1 | -1 | 1 | -1 | -1 | 1 | -1 | 1 |
| 1 | -1 | -1 | 1 | 1 | -1 | -1 | 1 |
| 1 | -1 | -1 | 1 | -1 | 1 | 1 | -1 |

単因子逐次実験のデザイン行列 $\boldsymbol{X}$

| $\mu$ | $A$ | $B$ | $C$ | $D$ | $F$ | $G$ | $H$ |
|---|---|---|---|---|---|---|---|
| 1 | 1 | 1 | 1 | 1 | 1 | 1 | 1 |
| 1 | -7 | 1 | 1 | 1 | 1 | 1 | 1 |
| 1 | 1 | -7 | 1 | 1 | 1 | 1 | 1 |
| 1 | 1 | 1 | -7 | 1 | 1 | 1 | 1 |
| 1 | 1 | 1 | 1 | -7 | 1 | 1 | 1 |
| 1 | 1 | 1 | 1 | 1 | -7 | 1 | 1 |
| 1 | 1 | 1 | 1 | 1 | 1 | -7 | 1 |
| 1 | 1 | 1 | 1 | 1 | 1 | 1 | -7 |

表 C.1 は両計画のデザイン行列$\boldsymbol{X}$を示す．各因子の水準は，第 1 水準を「1」，第 2 水準は制約条件[5)]から，直交計画では「－ 1」，単因子逐次実験では「－ 7」と表記してある．

表 C.2 は，$\boldsymbol{X}^T$と$\boldsymbol{X}$をかけた情報行列$\boldsymbol{X}^T\boldsymbol{X}$を示したもので，直交実験では対角行列となっているが，単因子逐次実験(非直交実験)ではそうなっていない．

表 C.3 には情報行列の逆行列$(\boldsymbol{X}^T\boldsymbol{X})^{-1}$を示した．直交実験では対角行列となっているが，単因子逐次実験(非直交実験)ではそうなっていない．

表 C.4 に直交実験と非直交実験の各推定量の分散を示した．目的とする母平均の差に関しては，網掛けで示したように，直交実験の優位性は明白である．なお，水準のデータ数が各 4 個で等しい直交実験では，2 つの水準の母平均の分散は等しいが，単因子逐次実験では，第 1 水準のデータ数 7 個に対して，第 2 水準のデータ数は 1 個なので，第 2 水準の母平均の分散はかなり悪い．

5） データの平均値を，(データの総計／データ数)となるように，水準ごとのデータ数を勘案して，直交計画では「$a_1 + a_2 = 0$」，単因子逐次実験では「$7a_1 + a_2 = 0$」となることを制約条件(制約式)という．回帰モデルと異なり，分散分析モデルでは，このような制約条件が必要となる．

**表 C.2　$L_8$直交表実験と単因子逐次実験の情報行列**

**直交実験の情報行列 $X^TX$**

| $\mu$ | $A$ | $B$ | $C$ | $D$ | $F$ | $G$ | $H$ |
|---|---|---|---|---|---|---|---|
| 8 | 0 | 0 | 0 | 0 | 0 | 0 | 0 |
| 0 | 8 | 0 | 0 | 0 | 0 | 0 | 0 |
| 0 | 0 | 8 | 0 | 0 | 0 | 0 | 0 |
| 0 | 0 | 0 | 8 | 0 | 0 | 0 | 0 |
| 0 | 0 | 0 | 0 | 8 | 0 | 0 | 0 |
| 0 | 0 | 0 | 0 | 0 | 8 | 0 | 0 |
| 0 | 0 | 0 | 0 | 0 | 0 | 8 | 0 |
| 0 | 0 | 0 | 0 | 0 | 0 | 0 | 8 |

**単因子逐次実験の情報行列 $X^TX$**

| $\mu$ | $A$ | $B$ | $C$ | $D$ | $F$ | $G$ | $H$ |
|---|---|---|---|---|---|---|---|
| 8 | 0 | 0 | 0 | 0 | 0 | 0 | 0 |
| 0 | 56 | −8 | −8 | −8 | −8 | −8 | −8 |
| 0 | −8 | 56 | −8 | −8 | −8 | −8 | −8 |
| 0 | −8 | −8 | 56 | −8 | −8 | −8 | −8 |
| 0 | −8 | −8 | −8 | 56 | −8 | −8 | −8 |
| 0 | −8 | −8 | −8 | −8 | 56 | −8 | −8 |
| 0 | −8 | −8 | −8 | −8 | −8 | 56 | −8 |
| 0 | −8 | −8 | −8 | −8 | −8 | −8 | 56 |

**表 C.3　$L_8$直交表実験と単因子逐次実験の情報行列の逆行列**

**直交実験の情報行列の逆行列 $(X^TX)^{-1}$**

| $\mu$ | $A$ | $B$ | $C$ | $D$ | $F$ | $G$ | $H$ |
|---|---|---|---|---|---|---|---|
| 1/8 | 0 | 0 | 0 | 0 | 0 | 0 | 0 |
| 0 | 1/8 | 0 | 0 | 0 | 0 | 0 | 0 |
| 0 | 0 | 1/8 | 0 | 0 | 0 | 0 | 0 |
| 0 | 0 | 0 | 1/8 | 0 | 0 | 0 | 0 |
| 0 | 0 | 0 | 0 | 1/8 | 0 | 0 | 0 |
| 0 | 0 | 0 | 0 | 0 | 1/8 | 0 | 0 |
| 0 | 0 | 0 | 0 | 0 | 0 | 1/8 | 0 |
| 0 | 0 | 0 | 0 | 0 | 0 | 0 | 1/8 |

**単因子逐次実験の情報行列の逆行列 $(X^TX)^{-1}$**

| $\mu$ | $A$ | $B$ | $C$ | $D$ | $F$ | $G$ | $H$ |
|---|---|---|---|---|---|---|---|
| 1/8 | 0 | 0 | 0 | 0 | 0 | 0 | 0 |
| 0 | 1/32 | 1/64 | 1/64 | 1/64 | 1/64 | 1/64 | 1/64 |
| 0 | 1/64 | 1/32 | 1/64 | 1/64 | 1/64 | 1/64 | 1/64 |
| 0 | 1/64 | 1/64 | 1/32 | 1/64 | 1/64 | 1/64 | 1/64 |
| 0 | 1/64 | 1/64 | 1/64 | 1/32 | 1/64 | 1/64 | 1/64 |
| 0 | 1/64 | 1/64 | 1/64 | 1/64 | 1/32 | 1/64 | 1/64 |
| 0 | 1/64 | 1/64 | 1/64 | 1/64 | 1/64 | 1/32 | 1/64 |
| 0 | 1/64 | 1/64 | 1/64 | 1/64 | 1/64 | 1/64 | 1/32 |

このように，多変量解析にも直交計画で得たデータを用いるのが好ましい．今からデータをとる場合は直交計画とすればよいが，そうできないこともある．また，既に得られているデータが直交計画で得たものであることは少ない．

**表 C.4 $L_8$直交表実験と単因子逐次実験の推定量の分散**

| 推定量 | 直交実験での分散 | 単因子逐次実験（非直交実験）での分散 |
|---|---|---|
| 母平均 $\mu + a_1$ | $0.25\ \sigma^2$ | $0.15625\ \sigma^2$ |
| 母平均 $\mu + a_2$ | $0.25\ \sigma^2$ | $1.65625\ \sigma^2$ |
| **母平均の差** $a_1 - a_2$ | $0.5\ \sigma^2$ | $2\ \sigma^2$ |

以上，データの直交と直交実験計画について述べたが，直交と独立の概念の異同についても簡単に解説する[4]．

２つの確率変数 $X$，$Y$ があるとき，$X$，$Y$ の各確率密度関数，$X$，$Y$ の同時確率密度関数を，それぞれ，$f(x)$，$g(y)$，$h(x,y)$ とすると，$X$ と $Y$ が独立であるとき，$h(x,y) = f(x)g(y)$ が成立する．このとき，

$$E(XY)=\int_{-\infty}^{\infty}\int_{-\infty}^{\infty}xyh(x,y)dxdy=\int_{-\infty}^{\infty}\int_{-\infty}^{\infty}xf(x)yg(y)dxdy$$

$$=\int_{-\infty}^{\infty}xf(x)dx\int_{-\infty}^{\infty}yg(y)dy=E(X)E(Y)$$

であり，これを，共分散の定義式 $Cov(X,Y) = E(XY) - E(X)\mathrm{E}(Y)$ に代入すると，$Cov(X,Y) = E(X)\mathrm{E}(Y) - E(X)\mathrm{E}(Y) = 0$ となり共分散は０となる．したがって，$X$，$Y$ が互いに「独立」であれば，「共分散がない」ということが示された．しかし，この逆は一般には成り立たない．

ただし，$X$ と $Y$ が２次元正規分布をしているときの同時確率分布は以下のようになり，$\rho=\sigma_{xy}/\sigma_x\sigma_y$ であるから，共分散がないときは $\sigma_{xy}=0$，すなわち，$\rho=0$ であり，以下のように，$h(x,y)$ は $f(x)g(y)$ となり，$x$ と $y$ は独立であることがわかる．

$$h(x,y)=\frac{1}{2\pi\sigma_x\sigma_y}\exp\left[-\frac{1}{2}\left\{\frac{(x-\mu_x)^2}{\sigma_x^2}+\frac{(y-\mu_y)^2}{\sigma_y^2}\right\}\right]$$

$$=\frac{1}{\sqrt{2\pi}\,\sigma_x}\exp\left[-\frac{(x-\mu_x)^2}{2\sigma_x^2}\right]\frac{1}{\sqrt{2\pi}\,\sigma_y}\exp\left[-\frac{(y-\mu_y)^2}{2\sigma_y^2}\right]=f(x)g(y)$$

# [付録 D]　予測値の分散

回帰母数の推定値$\hat{\beta}_0, \hat{\beta}_1, \hat{\beta}_2, \cdots, \hat{\beta}_p$が求まると，その回帰式を用いて，説明変数の任意の値$(x_{01}, x_{02}, \cdots, x_{0p})$における母回帰の点予測値は式(D.1)で求められる．

$$\dot{\eta}=\hat{\beta}_0+\hat{\beta}_1(x_{01}-\bar{x}_1)+\hat{\beta}_2(x_{02}-\bar{x}_2)+\cdots+\hat{\beta}_p(x_{0p}-\bar{x}_p) \tag{D.1}$$

式(D.1)において，各$x_{0j}$から$\bar{x}_j\,(j=1,2,\cdots,p)$を引いているのは，$\hat{\beta}_0$と$\hat{\beta}_1, \hat{\beta}_2, \cdots, \hat{\beta}_p$間の共分散を0にするためである．

ここで，$\hat{\beta}_0$を除く$\hat{\beta}_1, \hat{\beta}_2, \cdots, \hat{\beta}_p$を$\boldsymbol{\beta}^T=(\hat{\beta}_1, \hat{\beta}_2, \cdots, \hat{\beta}_p)$とすると，**付録C**の式(C.1)より，その分散$Var(\boldsymbol{\beta})$は，式(D.2)のように求めることができる．$\boldsymbol{y}$はデータの列ベクトル，$\boldsymbol{X}$はデザイン行列である．

$$\begin{aligned}Var(\boldsymbol{\beta})&=Var\left((\boldsymbol{X}^T\boldsymbol{X})^{-1}\boldsymbol{X}^T\boldsymbol{y}\right)=(\boldsymbol{X}^T\boldsymbol{X})^{-1}\boldsymbol{X}^T Var(\boldsymbol{y})\boldsymbol{X}(\boldsymbol{X}^T\boldsymbol{X})^{-1}\\&=(\boldsymbol{X}^T\boldsymbol{X})^{-1}\boldsymbol{X}^T(\sigma^2\boldsymbol{I})\boldsymbol{X}(\boldsymbol{X}^T\boldsymbol{X})^{-1}=\sigma^2(\boldsymbol{X}^T\boldsymbol{X})^{-1}\boldsymbol{X}^T\boldsymbol{X}(\boldsymbol{X}^T\boldsymbol{X})^{-1}\\&=\sigma^2(\boldsymbol{X}^T\boldsymbol{X})^{-1}(\boldsymbol{X}^T\boldsymbol{X})(\boldsymbol{X}^T\boldsymbol{X})^{-1}=\sigma^2(\boldsymbol{X}^T\boldsymbol{X})^{-1}\end{aligned} \tag{D.2}$$

したがって，点予測値の分散は，式(D.3)より，$\sigma^2$を加え式(D.4)となる．

$$\hat{\eta}_0=\beta_0+\boldsymbol{X}_0^T\boldsymbol{\beta}\quad\left(\boldsymbol{X}_0^T=(\boldsymbol{x}_0-\bar{\boldsymbol{x}})^T\right) \tag{D.3}$$

$$\begin{aligned}Var(\hat{\eta}_0)&=\sigma^2+Var(\beta_0)+\boldsymbol{X}_0^T Var(\boldsymbol{\beta})\boldsymbol{X}_0=\left(1+\frac{1}{n}+\boldsymbol{X}_0^T(\boldsymbol{X}^T\boldsymbol{X})^{-1}\boldsymbol{X}_0\right)\sigma^2\\&=\left(1+\frac{1}{n}+\frac{1}{(n-1)}\boldsymbol{X}_0^T\left(\frac{\boldsymbol{X}^T\boldsymbol{X}}{n-1}\right)^{-1}\boldsymbol{X}_0\right)\sigma^2=\left(1+\frac{1}{n}+\frac{D_0^2}{(n-1)}\right)\sigma^2\end{aligned} \tag{D.4}$$

$$D_0^2=\boldsymbol{X}_0^T\left(\frac{\boldsymbol{X}^T\boldsymbol{X}}{n-1}\right)^{-1}\boldsymbol{X}_0 \tag{D.5}$$

式(D.5)は点$\boldsymbol{X}_0=(x_{01}, x_{02}, \cdots, x_{0p})$と平均$(\bar{x}_1, \bar{x}_2, \cdots, \bar{x}_p)$とのマハラノビス(汎)距離を表す．ここで，$\sigma^2$が1つ加わっているのは，母回帰の推定値の分散に，今後実現するであろうデータ1個のばらつきを加えたためである．

よって，$\hat{\eta}_0$の信頼率$100(1-\alpha)\%$における予測区間は式(D.6)となる．

$$\eta_L^U = \hat{\eta}_0 \pm t(\phi_e, \alpha)\sqrt{\left(1+\frac{1}{n}+\frac{D_0^2}{n-1}\right)V_e} \qquad \text{(D.6)}$$

したがって，母回帰(母平均)を区間推定するときは，前記の事情から，式(D.6)の$\sqrt{\ }$のなかは，$1 + 1/n + D_0{}^2/(n-1)$から1をとって，$1/n + D_0{}^2/(n-1)$となる．

# [付録 E]　主成分分析の数理

変数$X$の数，主成分$Z$の数，固有値の数を$m$，主成分$Z$の№を$i(i = 1,2,\cdots,m)$変数$X$の№を$k(k = 1,2,\cdots,m)$，サンプルの数を$n$，サンプルNo.を$j(j = 1,2,\cdots,n)$とし，$X_{jk}$を$k$番目の変数$X$の$j$番目のサンプルの評価値，$Z_{ij}$を$i$番目の主成分$Z$の$j$番目のサンプルの主成分得点，$a_{ik}$は$i$番目の主成分$Z$の$k$番目の$(a_{ik})$の要素と書くと，$Z_{ij}$は式(E.1)で表される．

$$Z_{ij} = \sum_{k=1}^{m} X_{jk} a_{ik} \qquad \text{(E.1)}$$

式(E.1)で，主成分得点$Z_{ij}$は$m$個の評価項目に固有ベクトルの要素を重みとした総合評価と見ることができる．重みであるから固有値の大きさが重要な項目となる．

主成分の求め方には次のルールがある．

① 第1主成分$Z_1$の要素(係数)$a_{1k}$は，$Z_1$の分散が最大になるように定める．

② 第2主成分$Z_2$の要素(係数)$a_{2k}$は，$Z_1$と無相関になるという条件の下で$Z_2$の分散が最大になるように定める．

③ 第3主成分$Z_3$の要素(係数)$a_{3k}$は，$Z_1$，$Z_2$と無相関になるという条件の下で$Z_3$の分散が最大になるように定める．

④ 以下，同様に第$m$主成分まで求める．

さて，$i$番目の主成分の分散$V_i$は式(E.2)のようになる．

$$V_i = Var(Z_i) = \frac{1}{n-1}\sum_{j=1}^{n}(Z_{ij} - \overline{Z}_i)^2 = \frac{1}{n-1}\sum_{j=1}^{n}\left\{\sum_{k=1}^{m} a_{ik}(X_{jk} - \overline{X}_k)\right\}^2$$

$$=\sum_{k=1}^{m}\sum_{k'=1}^{m} a_{ik}a_{ik'} \boxed{\frac{\sum_{j=1}^{n}(X_{jk}-\overline{X}_{k})(X_{jk'}-\overline{X}_{k'})}{n-1}} \tag{E.2}$$

$$=\sum_{k=1}^{m}\sum_{k'=1}^{m} a_{ik}a_{ik'}r_{kk'}$$

（□の中は規準化した $X_{jk}$ と $X_{jk'}$ の相関行列 $\{r_{kk'}\}$）

また，式(E.3)のように，主成分ごとの固有ベクトルの要素の2乗和は1になるようにする．

$$\mu_{i1}^2+\mu_{i2}^2+\cdots+\mu_{ik}^2+\cdots+\mu_{im}^2=1 \quad (i=1, 2, \cdots, m) \tag{E.3}$$

式(E.2)が式(E.3)の条件の下で最大値をとるように $a_{ik}$ を定めればよい．そのために，式(E.4)のように，ラグランジュの未定定数法を用いる．

$$G_i=V_i-\lambda(\sum_{k=1}^{m} a_{ik}^2-1)=\sum_{k=1}^{m}\sum_{k'=1}^{m} a_{ik}a_{ik'}r_{kk'}-\lambda(\sum_{k=1}^{m} a_{ik}^2-1) \tag{E.4}$$

$G_i$ を各 $a_{ik}$ で偏微分して0と置くと，

$$\frac{\partial G_i}{\partial a_{ik}}=\sum_{k'=1}^{m} a_{ik'}r_{kk'}-\lambda a_{ik}=0 \tag{E.5}$$

となり，これを書き下すと，式(E.6)となる．

$$\left.\begin{array}{llll}(r_{11}-\lambda)a_{11}+r_{12}a_{12} & \cdots & +r_{1m}a_{1m} & =0\\ r_{21}a_{11}+(r_{22}-\lambda)a_{12} & \cdots & +r_{2m}a_{1m} & =0\\ \vdots \quad \vdots \quad \vdots & & & \\ r_{m1}a_{11}+r_{m2}a_{12} & \cdots & +(r_{mm}-\lambda)a_{1m} & =0\end{array}\right\} \tag{E.6}$$

これは，$m$ 個の未知数 $a_{11}$，$a_{12}$，…，$a_{1m}$ の連立方程式である．右辺の定数はすべて0であるので，$m$ 個の方程式が互いに一次独立であるとすると，解は一意的に $a_{11}=a_{12}=\cdots=a_{1m}=0$ となって意味がない．よって，このなかには少なくとも1つは，他と一次従属のものが存在する．

したがって，前記の係数を要素とする $m\times m$ の行列の行列式の値は0である必要がある．$\boldsymbol{R}$ を $\{r_{kk'}\}$，$\boldsymbol{I}$ を単位行列と置くと，式(E.7)が得られる．

$$|R-\lambda I|=\begin{vmatrix} (r_{11}-\lambda) & r_{12} & \cdots & r_{1m} \\ r_{21} & (r_{22}-\lambda) & \cdots & r_{2m} \\ \vdots & \vdots & \ddots & \vdots \\ r_{m1} & r_{m2} & \cdots & (r_{mm}-\lambda) \end{vmatrix}=0 \tag{E.7}$$

この行列式の値を$\lambda$の多項式として展開すると，$\lambda$の$m$次式なので，解は$m$個存在する．証明は省略するが，$\lambda_1$，$\lambda_2$，…，$\lambda_m$は実数，かつ，非負となる．これを大きさの順に並べ替えて，改めて各$\lambda_i$とすると，$\lambda_1 \geqq \lambda_2 \geqq \cdots \geqq \lambda_m \geqq 0$と書くことができる．この$\{\lambda_i\}(i=1,2,\cdots,m)$，係数$\{a_{ik}\}(i=1,2,\cdots,m, k=1,2,\cdots,m)$を，それぞれ，出発行列である相関行列$R$の固有値，固有ベクトルという．また，因子負荷量は，固有ベクトルに固有値の平方根をかけた$\sqrt{\lambda_i}a_{ik}$で与えられる．

証明は省略するが，以下のことが成り立つ．

① 主成分$Z_i$の分散は，固有値$\lambda_i$である．

② 因子負荷量は主成分と元の因子との相関係数である．

# 参考文献


## 第1章

［1］ 牧野都治：『情報処理の数学』，pp.94-97，森北出版，1970年

［2］ Trevor Hastie，Robert Tibshirani，Jerome Friedman（著），杉山将，井出剛，神嶌敏弘，栗田多喜夫，前田英作（監訳），井尻善久（訳）：『統計的学習の基礎―データマイニング・推論・予測―』，共立出版，2014年

［3］ インセプト：「IT用語辞典　e-words」（http://e-words.jp/）

［4］ Gartner: Douglas Laney（https://www.gartner.com/analyst/40872/Douglas-Laney）

［5］ 奥野忠一，芳賀敏郎，久米均，吉澤正：『多変量解析法』，日科技連出版社，1971年

［6］ 花田憲三：『実務にすぐ役立つ実践的多変量解析法』，日科技連出版社，2006年

［7］ 松本哲夫，植田敦子，小野寺孝義，榊秀之，西敏明，平野智也：『実務に使える実験計画法』，日科技連出版社，2012年

## 第2章

［1］ 長沢伸也（監修），中山厚穂（著）：『Excelソルバー多変量解析法　因果関係分析・予測手法編』，p.49，p.63，日科技連出版社，2009年

［2］ 野口博司：『図解と数値例で学ぶ多変量解析入門』，pp.92-95，日本規格協会，2018年

［3］ 内田治：『すぐわかるExcelによる多変量解析』，pp.24-31，東京図書，1996年

［4］ 菅民郎：『Excelで学ぶ多変量解析入門』，pp.56-59，オーム社，2001年

［5］ 楠正，辻谷将明，松本哲夫，和田武夫：『応用実験計画法』，pp.215-217，日科技連出版社，1995年

［6］ 松本哲夫，植田敦子，小野寺孝義，榊秀之，西敏明，平野智也：『実務に使える実験計画法』，pp.213-239，pp.234-235，pp.251-252，日科技連出版社，2012年

［7］ 永田靖：『入門統計解析法』，pp.198-200，p.206，日科技連出版社，1992年

## 第3章

［1］ 長沢伸也（監修），中山厚穂（著）：『Excelソルバー多変量解析法　因果関係分析・予測手法編』：p.89，pp.113-119，日科技連出版社，2009年

［2］ 内田治：『すぐわかるExcelによる多変量解析』，p.85，p.95，東京図書，2000年

[3] 松本哲夫，植田敦子，小野寺孝義，榊秀之，西敏明，平野智也：『実務に使える実験計画法』，pp.240-256，日科技連出版社，2012年

**第4章**

[1] 木下栄蔵：『わかりやすい数学モデルによる多変量解析入門　第2版』，第4章，近代科学社，2009年

[2] 花田憲三：『実務にすぐ役立つ実践的多変量解析法』，第6章，日科技連出版社，2006年

**第5章**

[1] Samprit Chatterjee & Bertram Price：“*Regression Analysis By Example 2nd Ed.*”, Chapter 5, *John Wiley & Sons*, 1991

[2] 花田憲三：『実務にすぐ役立つ実践的多変量解析法』，第7章，日科技連出版社，2006年

**第6章**

[1] 安藤貞一，朝尾正，楠正，中村恒夫：『最新実験計画法』，第7章，日科技連出版社，1973年

[2] 花田憲三：『実務にすぐ役立つ実践的多変量解析法』，第8章，日科技連出版社，2006年

**第7章**

[1] 奥野忠一，久米均，芳賀敏郎，吉澤正：『多変量解析法』，第Ⅳ章，日科技連出版社，1971年

[2] 花田憲三：『実務にすぐ役立つ実践的多変量解析法』，第5章，日科技連出版社，2006年

**第8章**

[1] 奥野忠一，久米均，芳賀敏郎，吉澤正：『多変量解析法』，p.159，日科技連出版社，1971年

[2] 長沢伸也(監修)，中山厚穂(著)：『Excelソルバー多変量解析　ポジショニング編』，pp.11-36，日科技連出版社，2010年

[3] 牧野都治：『情報処理の数学』，pp.94-97，森北出版，1970年

[4] 田中豊，垂水共之：『統計解析ハンドブック　Windows版　多変量解析』，pp.88-89，共立出版，1995年

### 第9章


[1] 田中豊，垂水共之(編)：『統計解析ハンドブック　Windows版　多変量解析』，pp.135-139，共立出版，1995年

[2] 藤澤克樹，後藤順哉，安井雄一郎：『Excelで学ぶOR』，pp.220-227，オーム社，2011年

[3] 長沢伸也(監修)，中山厚穂(著)：『Excelソルバー多変量解析　ポジショニング編』，pp.177-194，日科技連出版社，2010年


### 第10章


[1] 奥野忠一，久米均，芳賀敏郎，吉澤正：『多変量解析法』，p.159，日科技連出版社，1971年


### 付録


[1] 安藤貞一，朝尾正，楠正，中村恒夫：『最新実験計画法』，第7章，日科技連出版社，1971年

[2] 楠正，辻谷将明，松本哲夫，和田武夫：『応用実験計画法』，pp.252-264，日科技連出版社，1995年

[3] 統計数値表JSA-1972編集委員会(編)：『統計数値表JSA-1972』，Tables，p.404，日本規格協会，1972年

[4] 近藤良夫，安藤貞一(編)：『統計的方法百問百答』，pp.197-198，日本科学技術連盟，1967年

# 索　引

【は　行】



【ま　行】



【や　行】

【ら　行】

●編著者紹介
**松本哲夫**(まつもと　てつお)
1973 年　大阪大学基礎工学部卒業
1975 年　大阪大学大学院基礎工学研究科化学系修士課程修了
1975 年　ユニチカ㈱入社．その後執行役員中央研究所長・技術開発本部長など歴任
1986 年　技術士(経営工学部門)
2013 年以降，同社顧問(現職)
[受賞歴]　科学技術賞開発部門　文部科学大臣表彰(2011)／(公社)高分子学会フェロー表彰(2012)／(一社)日本品質管理学会　品質管理推進功労賞(2015)／(一社)日本品質管理学会　品質技術賞(2020)ほか
[著作]　『応用実験計画法』(日科技連出版社，共著，1995)，『実用実験計画法』(共立出版，共著，2005)，『実務に使える実験計画法』(日科技連出版社，共著，2012)，『実験計画法 100 問 100 答』(日科技連出版社，共著，2013)ほか多数

●著者紹介
**今野勤**(こんの　つとむ)
1976 年　早稲田大学理工学部卒業
1978 年　早稲田大学院理工学研究科修士課程修了．㈱前川製作所入社
その後ヤマハ発動機㈱などを経て，
2000 年　大阪大学大学院工学研究科博士後期課程修了．工学博士
龍谷大学経営学部特任教授を経て，
2008 年　神戸学院大学経営学部教授(現職)
[その他]　日本科学技術連盟デミング賞実施賞委員会委員，日本経営システム学会理事，日本科学技術連盟クオリティフォーラム企画委員会委員長(2014/ 1 ～現在)など
[受賞歴]　日本経済新聞社　全国優秀先端事業所賞(1987)―ヤマハ発動機㈱エンジン組立工場建設プロジェクト　FA コンピューターシステム担当(リーダー)／日経品質管理文献賞受賞(『商品企画七つ道具』 全 3 巻(共著)，2001)／日本経営システム学会学会賞(「企画・開発力の同時実現による競争優位の実現」論文，2015)
[著作]　『商品企画七つ道具』(日科技連出版社，共著，1995)，『ヒット商品を生む商品企画七つ道具』(全 3 巻)(日科技連出版社，共著，2000)，『成功事例に学ぶ CRM の実践手法』(日科技連出版社，共著，2003)，『実務に直結　Excel による即効問題解決』(日科技連出版社，共著，2004 年)，『QFD・TRIZ・タグチメソッドによる開発・設計の効率化』(日科技連出版社，共著，2005)，『経営系学生のための基礎統計学』(共立出版，共著，2011)，『ものづくりに役立つ経営工学の事典』(朝倉書店，共著，2014)，『文科系のための情報科学』(共立出版，共著，2017)，『データ解析による実践マーケティング』(日科技連出版社，単著，2019)ほか多数

**Excel による多変量解析**
豊富な例題ですぐに実務に活用できる

2021 年 8 月 30 日　第 1 刷発行

編著者　松　本　哲　夫
著　者　今　野　　　勤
発行人　戸　羽　節　文

検　印
省　略

発行所　株式会社　日科技連出版社
〒151-0051　東京都渋谷区千駄ヶ谷5-15-5
DS ビル
電話　出版　03-5379-1244
　　　営業　03-5379-1238

Printed in Japan　　印刷・製本　東港出版印刷


ISBN 978-4-8171-9738-2
URL https://www.juse-p.co.jp/